东莞理工学院学术专著资金资助出版

膜式热泵与空气湿度调节
膜操作原理

黄斯珉　著

U0262654

科学出版社

北　京

内 容 简 介

本书结合作者的部分研究成果，以及在相关科研实践中的体会和积累的经验，系统地介绍了膜式热泵技术和膜式空气湿度调节中的膜操作原理。全书共分为 9 章，用通俗易懂的科学语言介绍了膜流道、膜接触器流动与传热传质及膜式热泵系统和液体除湿系统的集成方法。

本书适用于高等院校和科研单位的研究生、技术人员和研究人员，可以作为能源、化工、建筑暖通等专业的化工传递过程、膜分离、传质与分离工程、传热传质学应用进展等课程的教材或参考书，也可供对膜技术在暖通领域的应用基础研究感兴趣的人员阅读参考。

图书在版编目 (CIP) 数据

膜式热泵与空气湿度调节膜操作原理/黄斯珉著. —北京：科学出版社，2017.3

ISBN 978-7-03-051869-9

Ⅰ. ①膜⋯ Ⅱ. ①黄⋯ Ⅲ. ①太阳能–热泵–应用–空气调节系统–湿度调节系统–研究 Ⅳ. ①TK515 ②TU831.3

中国版本图书馆 CIP 数据核字（2017）第 035524 号

责任编辑：刘 冉 李丽娇/责任校对：贾伟娟
责任印制：张 伟/封面设计：北京图阅盛世

科 学 出 版 社 出版
北京东黄城根北街 16 号
邮政编码：100717
http://www.sciencep.com

北京教园印刷有限公司印刷
科学出版社发行 各地新华书店经销
*
2017 年 3 月第 一 版 开本：720×1000 1/16
2017 年 3 月第一次印刷 印张：13 1/4
字数：270 000
定价：88.00 元
（如有印装质量问题，我社负责调换）

前　言

近年来，膜技术在暖通空调（空调系统、采暖与生活热水）领域的应用取得了较大的进展。膜式常压吸收式热泵技术具有常压操作、结构紧凑、强扩展性、节能环保等优点，能实现连续制热制冷。膜式液体除湿技术有效解决了传统填料塔式直接接触液体除湿过程中存在液滴夹带的问题，由工业余热、可再生能源等驱动，实现等温除湿，减小不可逆热损失，降低系统运行能耗。膜式热泵技术可以和膜式液体除湿技术结合在一起，协调生活用水制热和空气湿度调节，形成一种膜式热泵制热、膜式空气加湿及膜式液体除湿协同控制装置，可通过控制热泵回路和液体除湿回路的电磁阀来获得所需制热量和除湿量，在高温高湿的夏季用于空气除湿与制冷，由太阳能再生稀溶液，浓溶液在储液槽中储存能量，在寒冷的冬季，溶液用于制热，水箱中的水可以用来加湿，调节室内空气湿度，有效解决冬季大量生活热水需求和太阳能相对缺乏的矛盾。

本书结合作者的部分研究成果，以及在相关科研实践中的体会和积累的经验，系统地介绍了膜式热泵技术和膜式空气湿度调节中的膜操作原理。本书共9章，第1章为绪论，结合国内外研究进展分别介绍膜式热泵技术和膜式液体除湿技术的发展情况，指出本书的框架、内容及其目的；第2章介绍平板膜式热泵的流动与传热传质膜操作原理；第3章介绍中空纤维膜式热泵膜操作原理；第4章介绍平板膜式热泵和中空纤维膜式热泵系统集成，给出系统运行原理；第5章介绍错流平行平板膜流道、错流弯曲形变平板膜流道及内冷型平板膜流道内的传递现象；第6章介绍侧进侧出准逆流平板膜流道和六边形准逆流平板膜流道内的传递现象；第7章介绍规则排列和随机排列逆流中空纤维膜流道中的自由表面模型、管间相互影响模型及耦合传热传质模型；第8章介绍规则排列和随机排列错流中空纤维膜流道中的自由表面模型、管间相互影响模型及耦合传热传质模型；第9章介绍膜式热泵、空气加湿和液体除湿系统集成方法，给出制热制冷、空气加湿和除湿协同系统的运行原理。

本书给出了关于膜流道内大量的阻力系数、努塞特数、舍伍德数等准数，为工程技术人员提供设计参数。读者通过对本书的学习，能对膜接触器内的流动与传热传质的数值模拟有较深刻的理解，从而为独立开展相应的研究工作打下较好的基础。

本书完稿之际，衷心感谢我的博士生导师——华南理工大学张立志教授，是他引领我走进膜接触器液体除湿这一新的研究领域，是他教会了数值模拟方法，为师为学，无不使我受益终身，感恩至深！感谢东莞理工学院杨敏林教授为本书研究内容的完成提供大力帮助！感谢研究生黄伟豪为本书做的大量工作，是他整理了我们的部分科研成果并结合当前的研究进展，充实了书中的每一章内容。感谢研究生钟文锋、陈升的前期研究工作。感谢东莞理工学院各级领导的支持，尤其感谢东莞理工学院学科办和科研处。感谢那些帮助过我的亲朋好友。淡看世事去如烟，铭记恩情存如血！

我们的研究工作得到了国家重点研发计划项目（No. 2016YFB0901404）、国家自然科学基金项目（No. 51306038，51236008）、广东省高等学校优秀青年教师培养计划项目（No. YQ2015159）及广东省高等学校特色创新项目（No. 2014KTSCX185）的资助，在此表示衷心的感谢！

尽管我们在撰写过程中倾尽全力，但是由于学识所限，书中难免有不妥之处。付梓之时，心中难免忐忑。诚请读者提出宝贵意见，以期共同进步！

黄斯珉

2016 年 12 月

于东莞市松山湖

目　　录

第1章 绪 论

2013年，我国的建筑能耗是10.5亿~11.28亿吨标准煤，占全社会能源消耗的28%~30%[1]。随着我国经济的发展，到2030年，我国建筑能耗将占全社会能源消耗的30%~35%[2]。因此，建筑节能是保障我国能源安全的重要组成部分，关系到我国的能源安全和可持续发展。

随着科学技术的进步和社会的发展，建筑节能的重点应放在空调能耗、采暖与生活用水上，因为这部分能耗占建筑能耗的60%以上[3]。建筑用能所需热源品位低、温度范围窄，并且与自然环境温度接近[4]。热泵技术可以从自然界或工业余热中吸收热量，提高低温热源的品位，满足建筑空调、采暖与生活热水的需要[5]。热泵工作原理包括喷射式、吸附式、蒸汽压缩式、吸收式等[5]。其中，吸收式热泵可以直接由热能驱动，实现将热量从低温热源向高温热源输送，是回收利用低温热能的有效手段，并且采用环境友好型工质，具有节能环保的特点[6]。随着分布式能源的发展和利用，吸收式热泵系统的应用越来越引起人们的关注[7]。

根据《中国统计摘要》，空调系统是耗能大户，占建筑总能耗的30%~50%。我国的大部分地区属于季风型气候，尤其是广东省、香港特别行政区等地区，高温高湿，直接增大了空气湿度调节的负荷。在空调能耗中有20%~40%的能耗用于湿负荷的处理，仅大型公共建筑面积用于处理湿负荷的能耗折合耗电量就有66亿~220亿度/年。空气除湿主要有冷却除湿、固体吸附除湿、电化学除湿、液体除湿等几种方法。其中，液体除湿技术能实现等温除湿，减少不可逆热损失，使得系统运行能耗降低30%左右，节约的能耗折合耗电量19.8亿~82.5亿度/年。由此可见，发展新型节能型液体除湿技术对建筑节能有巨大的潜力可挖。

然而，传统的填料塔直接接触式液体除湿技术中存在的液滴夹带问题在较大程度上限制了该技术的发展。空气湿度和空气温度一样，都是空气环境的重要因素，对人们的生活和生产环境有很大的影响。居住室内和工业环境中需要控制空气的相对湿度，适当的空气湿度能够提高人体的舒适度，减少静电，降低化学或生化反应速率等。随着当今社会的发展，人们越来越重视生活品质，追求健康、舒适的生活环境。据调查显示，人的一生有90%的时间在室内度过，因此控制好室内环境，保证室内人体舒适性就显得极其重要。温度和湿度是室内环境的重要指标，在调节室内温湿度的同时需杜绝挥发性有机物（VOC）、腐蚀性有害液滴等产生。

近年来，半透膜用于液体除湿，形成一种间接接触式液体除湿技术，称为膜式液体除湿技术。被处理空气和液体吸湿剂被半透膜隔离，该膜具有选择透过性，只允许水蒸气透过，阻止其他气体和液体通过。然而，空气和除湿溶液仍然可以通过膜进行热量和水蒸气的交换，从而实现除湿，彻底解决了传统填料式直接接触液体除湿技术中存在的液滴夹带问题。

膜式热泵的应用往往和膜式液体除湿技术结合在一起，协调生活用水制热和空气湿度调节。可以形成一种膜式热泵制热、膜式空气加湿及液体除湿膜式协同控制装置，可通过控制热泵回路和液体除湿回路的电磁阀来获得所需制热量和除湿量，在高温高湿的夏季用于空气除湿与制冷，由太阳能再生稀溶液，浓溶液在储液槽中储存能量，在寒冷的冬季，溶液用于制热，水箱中的水可以用来加湿，调节室内空气湿度，有效解决冬季大量生活热水需求和太阳能相对缺乏的矛盾。

1.1　膜式吸收式热泵技术的发展

传统吸收式热泵系统可分为两类：第一类增热型吸收式热泵系统[8, 9]和第二类升温型吸收式热泵系统[10]，它们都在封闭的真空状态下进行。近年来，随着半透膜的发展，Woods 等[11]提出了一种敞开的膜式常压吸收式热泵（液液膜接触器），如图 1-1 所示。制冷剂（水）和吸收剂（盐溶液）在相邻的流道中流动，被空气隙膜隔离。该膜只允许水蒸气透过，阻止液体和其他气体渗透[12-15]。水蒸气透过膜进入空气隙，再透过另一层膜进入溶液侧，被盐溶液吸收释放出潜热，导致溶液温度升高，相当于将水的热量通过水蒸气扩散"泵"到溶液侧。空气隙的热阻较大，减少了溶液显热传递回水侧。盐溶液吸收水蒸气变成稀溶液，进入再生器蒸发浓缩变成浓溶液，然后进入储液槽，形成能连续制热的吸收式热泵系统[16-19]。该系统相比传统的真空吸收式热泵系统，存在一些潜在的优点[16-19]：①常压操作，可简化系统结构，减轻装置重量，降低设备制造成本。黄斯珉和杨敏林[17]提出了一种膜式常压吸收式热泵及其热泵系统，该热泵为平板膜接触器，该系统包括水循环和盐溶液循环回路，在常压下工作，结构大幅简化且连续运行。②结构紧凑，能够在狭小的空间使用（电子设备、汽车等）。Kim 等[18]提出了一种用于电子冷却的微型吸收式热泵，采用基于膜的解吸-冷凝部件来再生稀溶液。③节能环保，系统采用环境友好型工质，同样可利用太阳能、工业余热（分布式能源系统缸套水、烟气余热等）作为驱动热源。④可扩展性强，盐溶液可储存能量，并且可用于液体除湿。黄斯珉等[19]设计了一种膜式热泵和膜式液体除湿协同装置，可通过控制热泵回路和液体除湿回路的电磁阀来获得所需制热量和除湿量，在高温高湿的夏季用于空气除湿与制冷，由太阳能再生稀溶液，浓溶液在储液槽中储存能量，在寒冷的冬季，溶液用于制热，有效解决了冬季大量生活热水需求和太阳能相对缺乏的矛盾。

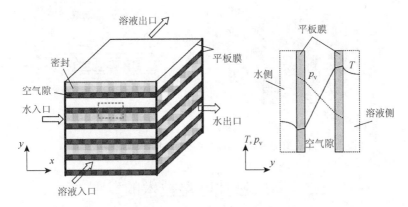

图 1-1 平板膜常压吸收式热泵（平板膜接触器）

常压吸收式热泵（液液膜接触器）作为膜式热泵系统的核心部件，直接影响系统的性能。半透膜通常被加工成平板膜或中空纤维膜，安装在外壳内部，设计出口和入口，分别形成平板膜接触器[11, 16, 20]和中空纤维膜接触器[21-23]，其典型结构分别如图 1-1 和图 1-2 所示。Woods 等[11]提出了一种平板膜接触器用于吸收式制热，建立了水和溶液通过空气隙平板膜进行热湿交换的活塞流数学模型，研究了空气隙厚度、入口工况、水蒸气扩散系数等对其性能的影响规律。结果表明，当溶液和水入口温度为 45℃时，溶液温度升高 20℃左右。Huang[16]提出了一种用于吸收式制热的侧进侧出平板膜接触器，水沿着流道笔直地流动，而溶液由侧面入口进，斜对面出口出，水和溶液呈准逆流的流动形式，建立了该膜接触器中的传热传质数学模型并实验验证，研究了溶液流道入口比和流道长宽比对其性能的影响规律。结果表明，相比错流平板膜接触器，侧进侧出膜接触器中溶液温度升高的幅度提高 9%以上。Khalifa 等[20]将平板型空气隙膜接触器用于膜蒸馏，其原理为膜式热泵制热的逆过程，建立了接触器内传热传质活塞流模型，研究了变入口工况对其性能的影响规律。

Woods 等[21]提出了一种错流中空纤维膜液液接触器，如图 1-2 所示。该接触器由一排排中空纤维膜管束交叉叠置而成，管束层与层之间留有空气隙，水和溶液在管束内交错流动。建立了该膜接触器中的传热传质数学模型，实验验证了膜接触器总传热和传质系数，研究了溶液质量分数对其性能的影响规律。Woods 和 Pellegrino[22, 23]采用因次分析法研究了中空纤维膜接触器中膜本体热湿传输参数、空气隙厚度、流道传热传质系数等对其性能的影响程度，结果表明，膜本体及空气隙的湿阻和空气隙的热阻是影响其性能的关键因素。

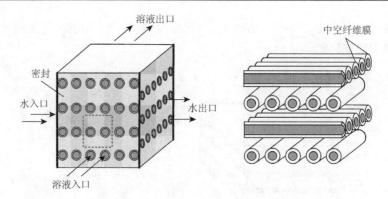

图 1-2   中空纤维膜常压吸收式热泵（中空纤维膜接触器）

1.2   膜式液体除湿技术的发展

空气除湿方法较多，根据空气除湿机理有以下几种方法：冷却除湿、膜渗透除湿、电化学除湿和干燥剂除湿（包括固体吸附除湿和液体吸收除湿）等。其中，液体吸收式除湿由于具有能利用低品位能源、高效率、无液态水凝结和除湿溶液能储存能量等潜在的优点，从 Lof 等[24]在 1955 年提出并且试验了第一台以三甘醇为吸湿剂、太阳能驱动的溶液除湿空调系统开始，液体吸收除湿得到了迅速的发展。液体除湿系统中的两个关键部件是除湿器和再生器，通常都使用填料塔。空气和溶液在填料塔内直接接触，进行热量交换和湿交换，完成除湿过程。虽然除湿器空气流出口会安装除沫隔层，这种办法能够在一定程度上减少吸湿剂被夹带到空气中，但是还是存在一些缺点：①除沫器只能拦截住颗粒较大的液滴，对于较小的液滴，除沫器也无能为力，所以除沫器不能完全防止液滴夹带；②除沫隔层有一定厚度（>1 cm），孔径较小（<1.5 mm），空气流在除沫隔层中的压降可达 10 Pa 以上，额外增加了空气流道的压力损耗。

为了彻底解决传统填料塔式液体除湿技术中存在的液滴夹带问题，半透膜被用来实现间接接触式液体除湿[25-29]。空气和除湿溶液被膜隔离，该膜具有选择透过性，只允许水蒸气透过，阻止其他气体和液体通过。由于空气和溶液被半透膜隔离，彻底防止了空气夹带溶液液滴。空气和除湿溶液仍然可以通过膜进行热量交换和水蒸气交换，从而实现除湿。通常将半透膜加工成平板膜和中空纤维膜，形成平板膜接触器和中空纤维膜接触器，用于实现液体除湿。

平行板式膜接触器结构简单，通常用来作气液接触器。Vali 等[30]利用逆流和错流混合平行板式膜接触器对空气进行热湿全热回收。空气和溶液逆流和错流相混合的形式进行热湿交换，从而回收全热。并且建立了相应的非稳态一阶集中参数模型，其中，混合流道内的对流传热和传质系数通过关联式获得。建立了显热效率和潜热效率的计算关联式，并且对平行板式膜接触器结构参数和运行工况对膜接触器热湿回收性能进行了详细的分析。Mahmud 等[31]提出了错流和逆流混合流动形态的膜全热交换器（RAMEE），并用于空气加热、通风及空调应用。每个RAMEE 系统包括两个混合流气液热湿交换器。一个置于排风侧，一个置于新风侧，空气和除湿溶液被膜隔离。热量和水蒸气可以通过该膜进行有效交换，从而回收排风的全热。对该实验系统进行实验测试，对冬天和夏天的工况进行测试。对于夏天和冬天的工况，系统热湿回收效率随吸湿剂流量的增大而增大，随空气流量的增大而减小。在某些特殊工况下，全热回收效率可以达到 50%～55%，并且将实验结果和文献关联式进行了对比。Larson 等[32]指出在设计气液全热回收装置中，膜的弹性和湿传递参数是关键因素。弹性能够保证流道内流体流过时微小的变形，湿渗透速率决定了水蒸气交换效率。完成对气液热交换平行板式膜接触器进行材料和组件结构方面的优化。平行板式膜单张膜面积较大，在吸湿剂重力作用下容易变形，影响流道形状。Seyed-Ahmadi 等[33, 34]对错流平行板式膜热湿交换器（采用液体吸湿剂）进行了模型和实验研究。在第一部分中，建立了膜接触器中的二维非稳态数学模型，采用隐式有限差分法进行了数值求解。将模拟结果和实验进行了对比。第二部分中，研究了不同初始工况下对热湿交换的影响。Li 和 Ito[35]提出了一种新的液体膜系统，采用一种表面润湿膜，并且用三甘醇对空气进行除湿；设计了一种板式膜接触器，作为除湿器，三甘醇液体膜厚度为 18 μm，膜接触面积为 0.13 m^2；建立了简单的湿渗透数学模型，预测了实验结果，并且研究了空气入口流量对除湿效果的影响。

中空纤维膜接触器较之平行板式膜接触器装填密度更大，在工程上应用比较广泛。Bergero 和 Chiari[36]利用中空纤维膜接触器对空气进行除湿和加湿研究，组件中膜接触面积为 1.2 m^2，装填密度为 593 m^2/m^3，空气走壳程，溶液走管程，以错流的形式流动。他们分析了空气侧和溶液侧的热量和水蒸气传递机理，对中空纤维膜内流体流动和传质传热特性进行建模，分析了空气流量和溶液流量对组件性能的影响。Kneifel 等[37]把中空纤维膜接触器用于空气湿度调节，指出了膜接触器用于空气湿度调节的优点。实验研究和分析了错流中空纤维膜接触器内空气流的压降和水蒸气传输特性，对膜的防泄漏和抗压能力进行了较为详细的实验研究。实验中采用无量纲的膜接触器，LiCl 溶液作为吸湿剂。证实了膜支撑层和涂层对湿渗透速率有决定性的影响。Johnson 等[38]使用逆流中空纤维膜气液接触器对空气中的甲醛进行脱除。建立了相应的数学模型，研究了中空纤维膜接触器内部的传热传质机理。根据模型，分析了管程水流和空气流对甲醛脱除效率的影响，结果发现，脱除效率在水流量比较大的时候比较高。

1.3 本书内容概要

本书的研究对象为膜式热泵和用于湿度调节的膜接触器，膜式热泵和膜式加湿、除湿系统，后文将着重介绍膜式热泵和膜接触器中流道内的流动与传热传质及膜式热泵和膜式加湿、除湿系统的运行原理。具体内容如下：

（1）认识到传统吸收式热泵系统在封闭的真空状态下运行的弊端，提出了一种基于半透膜的常压吸收式热泵，该热泵具有常压操作、结构紧凑、节能环保、可扩展性强等优点；建立了平板膜式热泵和中空纤维膜式热泵中的流动与传热传质数学模型，探究了结构参数、膜材料等对热泵性能的影响规律，给出了其性能优化原理；提出了常压吸收式膜式热泵系统，由工业余热、可再生能源（太阳能等）驱动的常压状态下工作的吸收式热泵，另外还介绍了一种常压膜式热泵和膜式液体除湿系统协同装置，能同时实现制热和空气除湿，并且介绍了这两种系统的工作原理。

（2）认识到传统填料塔式液体除湿中存在液体夹带的问题，提出了膜式液体除湿技术。建立了膜接触器中的流动与传热传质数学模型，获得了流道内的传递参数，给出了其结构优化原理；提出了热泵驱动的膜式液体除湿与蓄能装置及用于医院病房等空气质量要求较高的高效紧凑型空气除湿净化装置，实现膜式热泵制热制冷、膜式加湿与除湿的协同应用，介绍了装置的运行原理。

参 考 文 献

[1] 蒋明麟. 2013 年我国建筑能耗占全社会能耗的 28% 以上. 人民政协报，2014-05-22.

[2] International Energy Agency. World Energy Outlook 2011. OECD/IEA，Paris，2011.

[3] Yang L，Lam J C，Tsang C L. Energy performance of building envelopes in different climate zones in China. Applied Energy，2008，85（9）：800-817.

[4] 张立志. 除湿技术. 北京：化学工业出版社，2005.

[5] 张旭. 热泵技术. 北京：化学工业出版社，2007.

[6] Stephan K. History of absorption heat pumps and working pair developments in Europe. International Journal of Refrigeration，1983，6（3）：160-166.

[7] Wu W，Wang B，Shi W，et al. Absorption heating technologies：A review and perspective. Applied Energy，2014，130：51-71.

[8] Zhai X Q，Wang R Z. A review for absorbtion and adsorbtion solar cooling systems in China. Renewable and Sustainable Energy Reviews，2009，13（6-7）：1523-1531.

[9] Ji G，Chen Y，Wu J，et al. Performance analysis on modified cycle of double absorption heat transformer with solution and coolant heat regeneration. Applied Thermal Engineering，2016，108：115-121.

[10] Rivera W，Best R，Cardoso M J，et al. A review of absorption heat transformers. Applied Thermal Engineering，2015，91：654-670.

[11] Woods J, Pellegrino J, Kozubal E, et al. Modeling of a membrane-based absorption heat pump. Journal of Membrane Science, 2009, 337 (1-2): 113-124.

[12] Huang S M, Yang M L, Chen B, et al. Laminar flow and heat transfer in a quasi-counter flow parallel-plate membrane channel (QCPMC). International Journal of Heat and Mass Transfer, 2015, 86: 890-897.

[13] Huang S M, Zhang L Z. Researches and trends in membrane-based liquid desiccant air dehumidification. Renewable and Sustainable Energy Reviews, 2013, 28: 425-440.

[14] Abdel-Salam M R H, Fauchoux M, Ge G, et al. Expected energy and economic benefits, and environmental impacts for liquid-to-air membrane energy exchangers (LAMEEs) in HVAC systems: A review. Applied Energy, 2014, 127: 202-218.

[15] Ge G, Abdel-Salam M R H, Besant R W, et al. Research and applications of liquid-to-air membrane energy exchangers in building HVAC systems at university of Saskatchewan: A review. Renewable and Sustainable Energy Reviews, 2013, 26: 464-479.

[16] Huang S M. Heat and mass transfer in a quasi-counter flow parallel-plate membrane-based absorption heat pump (QPMAHP). Journal of Membrane Science, 2015, 496: 39-47.

[17] 黄斯珉, 杨敏林. 一种常压式吸收器以及吸收式热泵系统: 201510440700.7. 2015-07-24.

[18] Kim Y J, Joshi Y K, Fedorou A G. An absorption based miniature heat pump system for electronics cooling. International Journal of Refrigeration, 2008, 31 (1): 23-33.

[19] 黄斯珉, 黄伟豪, 杨敏林. 一种常压膜式热泵和液体除湿系统协同装置: 201610030357.3. 2016-01-18.

[20] Khalifa A, Lawal D, Antar M, et al. Experimental and theoretical investigation on water desalination using air gap membrane distillation. Desalination, 2015, 376: 94-108.

[21] Woods J, Pellegrino J, Kozubal E, et al. Design and experimental characterization of a membrane-based absorption heat pump. Journal of Membrane Science, 2011, 378 (1-2): 85-94.

[22] Woods J, Pellegrino J. Heat and mass transfer in liquid-to-liquid membrane contactors: Design approach and model applicability. International Journal of Heat Mass Transfer, 2013, 59: 46-57.

[23] Woods J. An ambient-pressure absorption heat pump using microporous membranes: Design, modeling, and experimental investigation. PhD Dissertation, Mechanical Engineering, University of Colorado, 2011.

[24] Lof G O G. Cooling with Solar Energy. Tucson USA, Congress on Solar Energy, 1995.

[25] Huang S M, Zhang L Z, Pei L X. Fluid flow and heat mass transfer in membrane parallel-plates channels used for liquid desiccant air dehumidification. International Journal of Heat and Mass Transfer, 2012, 55: 2571-2580.

[26] Zhang L Z, Huang S M. Coupled heat and mass transfer in a counter flow hollow fiber membrane module for air humidification. International Journal of Heat and Mass Transfer, 2011, 54: 1055-1063.

[27] Huang S M, Zhang L Z. Turbulent heat and mass transfer in a hollow fiber membrane module in liquid desiccant air dehumidification. ASME Journal of Heat Transfer, 2012.

[28] Zhang L Z, Huang S M, Pei L X. Conjugate heat and mass transfer in a hollow fiber membrane module for liquid desiccant air dehumidification: A free surface model approach. International Journal of Heat and Mass Transfer, 2012, 55: 3789-3799.

[29] Zhang L Z. An analytical solution to heat and mass transfer in hollow fiber membrane contactors for liquid desiccant air dehumidification. ASME Journal of Heat Transfer, 2011, 133 (9): 1-7.

[30] Vali A, Simonson C J, Besant R W, et al. Numerical model and effectiveness correlations for a run-around heat recovery system with combined counter and cross flow exchangers. International Journal of Heat and Mass

Transfer，2009，52（25-26）：5827-5840.

[31] Mahmud K，Mahmood G I，Simonson C J，et al. Performance testing of a counter-cross-flow run-around membrane energy exchanger（RAMEE）system for HVAC applications. Energy and Buildings，2010，42（7）：1139-1147.

[32] Larson M D，Simonson C J，Besan R W. The elastic and moisture transfer properties of polyethylene and polypropylene membranes for use in liquid-to-air energy exchangers. Journal of Membrane Science，2007，302（1-2）：136-149.

[33] Seyed-Ahmadi M，Erb B，Simonson C J，et al. Transient behavior of run-around heat and moisture exchanger system. Part I：Model formulation and verification. International Journal of Heat and Mass Transfer，2009，52：6000-6011.

[34] Seyed-Ahmadi M，Erb B，Simonson C J，et al. Transient behavior of run-around heat and moisture exchanger system. Part II：Sensitivity studies for a range of initial conditions. International Journal of Heat and Mass Transfer，2009，52：6012-6020.

[35] Li J L，Ito A. Dehumidification and humidification of air by surface-soaked liquid membrane module with triethylene glycol. Journal of Membrane Science，2008，325（2）：1007-1012.

[36] Bergero S，Chiari A. Experimental and theoretical analysis of air humidification/dehumidification processes using hydrophobic capillary contactors. Applied Thermal Engineering，2001，21（11）：1119-1135.

[37] Kneifel K，Nowak S，Albrecht W，et al. Hollow fiber membrane contactor for air humidity control. Journal of Membrane Science，2006，276（2）：241-251.

[38] Johnson D，Yavuzturk W C，Pruis J. Analysis of heat and mass transfer phenomena in hollow fiber membranes used for evaporative cooling. Journal of Membrane Science，2003，227（1-2）：159-171.

第 2 章　平板膜式吸收式热泵

近年来新兴了一种能在常压下运行的吸收式热泵[1-4]。该热泵为液液膜接触器，内部包含带空气隙的半透膜，使制冷剂（水）和吸收剂（盐溶液）被隔开。该膜只允许水蒸气渗透，阻止液体和其他气体渗透[5-7]。由于水蒸气通过膜有净流量，盐溶液被加热而水被冷却，盐溶液温度升高，空气隙减少了盐溶液将显热传递回水侧。与传统的真空状态下运行的吸收式热泵相比，膜吸收式热泵能在常压下运行，降低了系统结构复杂程度和设备重量。

Woods 等[1]提出了一种平板膜式吸收式热泵（平板液液膜接触器，QPMAHP），其中接触器被设计为纯逆流布置。纯逆流接触器比纯错流接触器具有更高的效率，然而纯逆流接触器难以实现多重流道的密封及水和溶液的隔离[8, 9]。因此本章提出了一种准逆流平板膜式吸收式热泵，如图 2-1 所示。由图可知，平行板式膜流道是由多层平板膜堆叠而成，两个相邻流道间由空气隙膜隔离。水和溶液分别流过各自相邻的流道，水从左侧入口笔直地流向右侧出口，拥有相对较高的流速。溶液从右侧顶端流进流道，沿着 S 形路径由左侧顶端流出。显而易见，水和溶液呈准逆流流动形式。

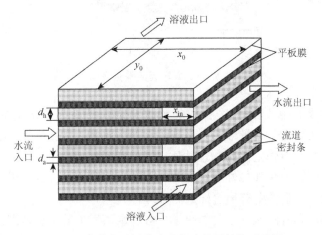

图 2-1　准逆流平板膜式吸收式热泵结构示意图

本章建立了准逆流平板膜式常压吸收式热泵制热过程中的流动与传热传质数学模型，研究了流体流动形式、入口长度比和流道长宽比对其性能的影响规律，研究结果将用于平板膜液液接触器的结构设计和性能优化。

2.1　平板膜式吸收式热泵制热过程数学模型

2.1.1　流体流动与传热传质控制方程

　　如图 2-1 所示，平板膜式吸收式热泵（平板液液膜接触器）中水和溶液分别在相邻流道内以准逆流布置的方式流动。该膜接触器由一系列相同的单元组成，每个单元由两个相邻流道、两块平板膜及其夹带的空气隙组成。由于对称性和简化计算，取一个单元作为计算区域，其坐标系如图 2-2 所示。由图可知，水沿着 x 轴方向以均匀的速度 $u_{w,in}$ 笔直地进入上方流道，与此同时，溶液以均匀的速度 $u_{s,in}$ 由下方流道的右侧角落流进，再由左侧角落流出。两股流体间进行着热湿传递，水流作为蒸发源，而溶液作为被加热流体，来自水流的水蒸气通过膜和空气隙被溶液流吸收，潜热和混合热被释放到溶液，溶液温度升高，低温热量提升为可用的高温热量。空气隙的传热阻力较大，使得从溶液传递回水侧的显热大大减少。

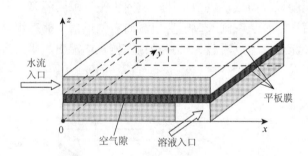

图 2-2　计算单元的坐标系

　　所建立的数学模型是二维稳态的，传热和传质由水和溶液流道的平均流速、温度、平衡湿度及质量分数来计算。水和溶液都是牛顿流体，处于层流状态（$Re < 2000$），并且有恒定的热物理性质。其他假设如下：

　　（1）忽略接触器内部与外界环境的热量和水蒸气传递，这是因为接触器的外壳是超疏水的，并且外壁有绝热棉绝热处理。

　　（2）忽略水和溶液流动方向的热量扩散和水蒸气扩散，这是因为实际应用中流体的佩克莱数（Pe）大于 10。

　　（3）只考虑垂直于平板膜方向（z 轴方向）的热量和水蒸气传输，这是因为膜厚度（约 100 μm）和气隙距离（约 1.0 mm）相当小。

　　（4）由水蒸气相变导致热量的提供和释放分别只发生在水流和溶液流中。

对于水流，蒸发热由水流提供，与此同时，显热从溶液侧传递到水侧。热量守恒的无量纲化方程可以写为：

$$\frac{\partial T_w^*}{\partial x^*} = \mathrm{NTU}_{\mathrm{sen}}(T_s^* - T_w^*) + H_{\mathrm{evap}}^* \mathrm{NTU}_{\mathrm{Lat}}(\omega_s^* - \omega_w^*) \tag{2-1}$$

其中，T 和 ω 分别是温度（K）和湿度（kg 水蒸气/kg 干空气）；上标"*"表示无量纲形式；下标"w"和"s"分别表示水和溶液；NTU 是传热（传质）单元数，由式（2-2）和式（2-3）定义：

$$\mathrm{NTU}_{\mathrm{sen}} = \frac{h_{\mathrm{tot}} n_m x_0 y_0}{2 m_w c_w} \tag{2-2}$$

$$\mathrm{NTU}_{\mathrm{Lat}} = \frac{\rho_a k_{\mathrm{tot}} n_m x_0 y_0}{2 m_w} \tag{2-3}$$

其中，x_0 和 y_0 分别是接触器的有效长和宽（m）；n_m 是平板膜数量；c 是比热容 [kJ/（kg·K）]；m 是质量流速（kg/s）；ρ 是密度（kg/m³），下标"a"表示空气；h_{tot} 和 k_{tot} 分别是总传热系数 [kW/（m²·K）] 和总传质系数（m/s）。

水的表面平衡湿度是温度的函数，可写成[10]：

$$\omega_w = \frac{10^6}{e^{5294/T_w} - 1.61} \tag{2-4}$$

侧进侧出流道中的溶液流可以由 Hele-Shaw 模型描述，这是因为在实际应用中溶液流在很薄的流道内（2～4 mm），并且雷诺数很小（$Re < 10$）。根据这个模型，黏性流体在两个封闭平板间低雷诺数下的稳态流动可以看作是二维理想流体在空间内扩散的平均流线，因此溶液流可由拉普拉斯方程描述[11]：

$$\nabla^2 \psi = 0 \tag{2-5}$$

溶液流在 x 轴和 y 轴方向的速度分量可由式（2-6）计算[11]：

$$u_x = \frac{\partial \psi}{\partial y}, \quad u_y = -\frac{\partial \psi}{\partial x} \tag{2-6}$$

其中，下标"x"和"y"分别对应 x 轴和 y 轴；u 是速度（m/s）。

溶液流在 x 轴和 y 轴方向的无量纲速度由式（2-7）定义：

$$u_x^* = \frac{u_x}{u_{s,\mathrm{in}}}, \quad u_y^* = \frac{u_y}{u_{s,\mathrm{in}}} \tag{2-7}$$

其中，下标"in"表示入口。

对于溶液流，来自水流的水蒸气被吸收，并且吸收热和混合热被释放到溶液侧。传热和传质的无量纲化方程如下：

$$u_x^* \frac{\partial T_s^*}{\partial x^*} + u_y^* \frac{\partial T_s^*}{\partial y^*} = \frac{x_{\mathrm{in}}^*}{y_0} m_{\mathrm{sen}}^* \mathrm{NTU}_{\mathrm{sen}}(T_w^* - T_s^*) + \frac{x_{\mathrm{in}}^*}{y_0} H_{\mathrm{abs}}^* \mathrm{NTU}_{\mathrm{Lat}}(\omega_w^* - \omega_s^*) \tag{2-8}$$

$$u_x^* \frac{\partial X_s^*}{\partial x^*} + u_y^* \frac{\partial X_s^*}{\partial y^*} = \frac{x_{in}^*}{y_0} R_1 \mathrm{NTU}_{\mathrm{Lat}} (\omega_w^* - \omega_s^*) \tag{2-9}$$

其中，X_s 是溶液中水质量和溶液质量的比值（kg/kg）。

无量纲坐标定义为：

$$x^* = \frac{x}{x_0}, \quad y^* = \frac{y}{y_0} \tag{2-10}$$

无量纲温度定义为：

$$T^* = \frac{T - T_{s,in}}{T_{w,in} - T_{s,in}} \tag{2-11}$$

其中，$T_{w,in}$ 是水的入口温度（K），$T_{s,in}$ 是溶液的入口温度（K）。

无量纲湿度定义为：

$$\omega^* = \frac{\omega - \omega_{s,in}}{\omega_{w,in} - \omega_{s,in}} \tag{2-12}$$

其中，$\omega_{w,in}$ 是水入口的平衡空气湿度（kg/kg）；$\omega_{s,in}$ 是溶液入口温度（$T_{s,in}$）和质量分数（$X_{s,in}$）下的平衡湿度。

溶液的无量纲质量分数定义为：

$$X^* = \frac{X - X_{s,in}}{X_{s,e} - X_{s,in}} \tag{2-13}$$

其中，$X_{s,in}$ 是溶液入口质量分数；$X_{s,e}$ 是溶液在水流进口温度（$T_{w,in}$）和湿度（$\omega_{w,in}$）下的平衡质量分数。

在式（2-8）和式（2-9）中，无量纲参数定义如下：

$$m_{sen}^* = \frac{m_w c_w}{m_s c_s} \tag{2-14}$$

$$H_{evap}^* = \frac{H_{evap}(\omega_{w,in} - \omega_{s,in})}{c_w(T_{w,in} - T_{s,in})} \tag{2-15}$$

$$H_{abs}^* = \frac{m_w (H_{evap} + H_{mix})(\omega_{w,in} - \omega_{s,in})}{m_s c_s (T_{w,in} - T_{s,in})} \tag{2-16}$$

$$R_1 = \frac{m_w (\omega_{w,in} - \omega_{s,in})}{m_s (X_{s,e} - X_{s,in})} \tag{2-17}$$

其中，H_{evap} 和 H_{mix} 分别是蒸发热（潜热）和混合热；水和溶液的总质量流量可由式（2-18）计算：

$$m_w = 0.25 n_m \rho_w u_{w,in} y_0 d_h, \quad m_s = 0.25 n_m \rho_s u_{s,in} y_0 d_h \tag{2-18}$$

其中，d_h 是流道间距（m）。

2.1.2　总传热和传质系数

纯净水被用作蒸发的热源（制冷剂），因此在水流的浓度边界层的传质阻力可以忽略，传热系数可由努塞特数（Nu）获得：

$$Nu = \frac{hD_h}{\lambda} \qquad (2\text{-}19)$$

其中，λ 是导热系数 [W/(m·K)]；D_h 是当量直径（m），水流道和溶液流道中都等于 $2d_h$。水流道中的 Nu 可由努塞特数关系式获得。水流的格雷茨数（$Gz=RePrD_h/x_0$）远小于 100，因此可使用 Hausen 关系式来计算 Nu：

$$Nu = Nu_{\lim} + \frac{0.085(RePrD_h/x_0)}{1.0+(RePrD_h/x_0)^{0.67}}\left(\frac{v_b}{v_{\text{wall}}}\right)^{0.14} \qquad (2\text{-}20)$$

其中，下标"b"和"wall"分别表示"体积平均"和"壁面平均"；v 是运动黏度（m/s²）。

溶液流道（侧进侧出流道）中的 Nu 可在参考文献[9]中获得。它的传热系数可由努塞特数获得，而传质系数可用奇尔顿-柯尔伯恩类比传热系数获得，这种类似方法也可分别用于在 0.6～2500 和 0.6～100 范围的施密特数（Sc）和普朗特数（Pr），计算方程式可写为：

$$Sh = NuLe^{1/3} \qquad (2\text{-}21)$$

$$Sh = \frac{kD_h}{D_f} \qquad (2\text{-}22)$$

$$Le = \frac{Pr}{Sc} \qquad (2\text{-}23)$$

$$Pr = \frac{c_p\mu}{\lambda} \qquad (2\text{-}24)$$

$$Sc = \frac{v}{D_f} \qquad (2\text{-}25)$$

其中，c_p 是定压比热容 [kJ/(kg·K)]；D_f 是扩散系数（m²/s）；D_{ws} 是水在溶液中的扩散系数（m²/s）；D_{va} 是水蒸气在空气中的扩散系数（m²/s）；Le 是刘易斯数。

水和溶液通过两块膜及空气隙的总传热阻力和总传质阻力是一系列分阻力的串联总和，可以由式（2-26）和式（2-27）获得：

$$\frac{1}{h_{\text{tot}}} = \frac{1}{h_w} + \frac{\delta}{\lambda_m} + \frac{d_a}{\lambda_a} + \frac{\delta}{\lambda_m} + \frac{1}{h_s} \qquad (2\text{-}26)$$

$$\frac{1}{k_{\text{tot}}} = \frac{\delta}{D_{vm}} + \frac{d_a}{D_{va}} + \frac{\delta}{D_{vm}} + \frac{1}{k_s} \qquad (2\text{-}27)$$

其中，下标"a"代表空气；d_a 是空气隙的间距（m）；D_{vm} 是水蒸气在膜内的扩散系数（m^2/s）；计算空气隙内的传热系数时，同时考虑热传导和热辐射[1]。

来自水流的水蒸气透过膜和空气隙进入溶液中，潜热和混合热的释放使溶液的温度升高。被加热的溶液可用于生活热水供应和工业加热。膜式热泵内的溶液温升可定义为：

$$\Delta T_{s,lift} = T_{s,out} - T_{s,in} \tag{2-28}$$

其中，$T_{s,out}$ 是溶液出口的质量平均温度（K）。溶液被加热是因为水蒸气的传递和吸收，另外，存在溶液返回到水的显热损失。因此，可定义溶液的温升效率用来评价浓溶液的利用效率，可定义为：

$$\varepsilon = \frac{m_s c_s \Delta T_{s,lift}}{0.25 n_m \rho_a k_{tot} x_0 y_0 \Delta \omega_m (H_{evap} + c_w T_w + H_{mix})} \tag{2-29}$$

其中，$\Delta \omega_m$ 是通过传递面积的两股流的平均平衡湿度差（kg/kg）。

2.1.3　边界条件

如图 2-2 所示，在计算单元中，水和溶液在相邻流道内以准逆流（逆流/错流结合）的方式流动。

水流的入口边界条件为：

$$T_w^*(0,y) = 1, \quad \omega_w^*(0,y) = 1 \tag{2-30}$$

溶液的入口边界条件为：

$$T_s^*(0 < x < x_{in}, 0) = 0, \quad X_s^*(0 < x < x_{in}, 0) = 0 \tag{2-31}$$

溶液的出口边界条件为：

$$\frac{\partial T_s^*}{\partial y^*}(0 < x < x_{in}, y_0) = 0, \quad \frac{\partial X_s^*}{\partial y^*}(0 < x < x_{in}, y_0) = 0 \tag{2-32}$$

水流的绝热边界条件为：

$$\frac{\partial T_w^*}{\partial y^*}(x,0) = \frac{\partial \omega_w^*}{\partial y^*}(x,0) = 0, \quad \frac{\partial T_w^*}{\partial y^*}(x,y_0) = \frac{\partial \omega_w^*}{\partial y^*}(x,y_0) = 0 \tag{2-33}$$

溶液的绝热边界条件为：

$$\frac{\partial T_s^*}{\partial y^*}[0 < x < (x_0 - x_{in}), 0] = \frac{\partial X_s^*}{\partial y^*}[0 < x < (x_0 - x_{in}), 0] = 0 \tag{2-34}$$

$$\frac{\partial T_s^*}{\partial y^*}(x_{in} < x < x_0, y_0) = \frac{\partial X_s^*}{\partial y^*}(x_{in} < x < x_0, y_0) = 0 \tag{2-35}$$

$$\frac{\partial T_s^*}{\partial y^*}(0,y) = \frac{\partial X_s^*}{\partial y^*}(0,y) = 0, \quad \frac{\partial T_s^*}{\partial y^*}(x_0,y) = \frac{\partial X_s^*}{\partial y^*}(x_0,y) = 0 \qquad (2\text{-}36)$$

2.1.4　溶液状态方程

本书中用于膜式吸收式热泵和用于液体除湿的吸湿剂一样，可以选择的种类不少，一种好的吸湿剂首先应该具有饱和蒸气压小、物理化学性质稳定、对水蒸气的选择性大而对空气的吸收量小和工作范围内不易结晶；其次就应该具有不易挥发、黏度低、毒性小、对设备腐蚀性小等优良品质；从经济方面考虑还需要性价比高。吸湿剂主要有三甘醇等有机物和 LiCl、CaCl$_2$ 和 LiBr 等无机盐溶液。

三甘醇是最早用于液体除湿的吸湿剂，但是大量的研究表明其应用在液体除湿过程中由于黏度较大，易在系统中滞留使系统不稳定；由于易挥发容易被空气夹带到室内而对人体有害。在盐溶液的饱和蒸气压实验和除湿对比实验中，发现 LiCl 溶液比起 CaCl$_2$ 和 LiBr 溶液在相同除湿能力下，具有更低的浓度和再生温度，Lyer 的研究表明 LiCl 作为液体吸湿剂最优浓度为 35%~40%，Patil[12] 综述了液体除湿状态下的 LiCl 和 CaCl$_2$ 溶液表面平衡蒸气压、溶解度、密度、表面张力和黏度等物性参数计算公式。本书选用 35% 的 LiCl 溶液作为液体吸湿剂。

LiCl 溶液作为系统吸湿剂，实际上是除湿液与空气进行气液交换，溶液的饱和蒸气压和空气中水蒸气分压的大小决定着其传质方向。2.1 节建立的数字模型中，溶液表面平衡湿度是个重要参数，而溶液表面平衡湿度是大气压、溶液温度和质量分数的函数。实际应用中，大气压是不变的，所以这里不考虑大气压的变化，即

$$\omega_s = f(T_s, X_s) \qquad (2\text{-}37)$$

要想计算出溶液表面平衡空气湿度，需要知道溶液表面平衡水蒸气分压。溶液表面的平衡水蒸气压力（p_v）与溶液温度和浓度相关，其关系式如下[12]：

$$\lg p_v = A(m_1) + \frac{B(m_1)}{T_s} + \frac{C(m_1)}{T_s^2} \qquad (2\text{-}38)$$

$$A(m_1) = A_0 + A_1 m_1^1 + A_2 m_1^2 + A_3 m_1^3 \qquad (2\text{-}39)$$

$$B(m_1) = B_0 + B_1 m_1^1 + B_2 m_1^2 + B_3 m_1^3 \qquad (2\text{-}40)$$

$$C(m_1) = C_0 + C_1 m_1^1 + C_2 m_1^2 + C_3 m_1^3 \qquad (2\text{-}41)$$

$$m_1 = \frac{X_s}{0.04239(1 - X_s)} \qquad (2\text{-}42)$$

其中，p_v 是温度为 T_s、浓度为 X_s 的溶液平衡饱和蒸气压（kPa）；m_1 是 LiCl 溶

液中 LiCl 物质的量与水的质量比（mol LiCl/kg 水）；A、B 和 C 是系数，其取值如下：

$$A_0 = 7.3233550, \quad A_1 = -0.0623661, \quad A_2 = 0.0061613, \quad A_3 = -0.0001042 \, ;$$

$$B_0 = -1718.1570, \quad B_1 = 8.2255, \quad B_2 = -2.2131, \quad B_3 = 0.0246 \, ;$$

$$C_0 = -97575.680, \quad C_1 = 3839.979, \quad C_2 = -421.429, \quad C_3 = 16.731$$

确定了溶液表面的平衡水蒸气分压，可计算处于溶液表面相平衡的空气湿度，即

$$\omega_s = 0.622 \times \frac{p_v}{p_{atm} - p_v} \tag{2-43}$$

其中，下标"v"和"atm"分别表示蒸气压和大气压。

2.1.5　数值计算方法

如前所述，水流和溶液流之间通过空气隙膜的显热和水蒸气传递是一个强耦合过程，并且流体温度、湿度和质量分数都是互相关联的。描述流体动量、热量和质量传递的偏微分方程可以用有限差分法计算。计算单元被离散成的节点，控制方程和边界条件用迭代方法求解。求解过程的具体过程可以参考文献[13]，这里不再赘述。所有求解过程完成后，获得流场内的温度、湿度和质量分数的分布图，然后计算出溶液温升和效率。最后对网格进行独立性验证，例如，当流道长宽比为 0.5 时，x-y 面上的 100×50 网格精度足够（相比 200×100 的网格，溶液温升和效率最大偏差小于 0.2%），因此数值计算误差在 0.2%以内。

2.2　平板膜式吸收式热泵制热实验研究

图 2-3 示出了一种基于准逆流平板液液膜接触器的吸收式热泵实验系统被设计用于水的加热。系统中有两个循环：一个是水循环，另一个是溶液循环。水循环包含储水槽、水泵、换热器和吸收器。溶液循环包含储液槽、液泵、吸收器、再生器和三个换热器。水和溶液在吸收器内进行热量交换和水蒸气交换，水的蒸发导致水被冷却，而溶液由于吸收潜热和混合热被加热。对于水循环，冷却水离开吸收器后回到储水槽，水在被泵到吸收器前，要先经过换热器被从再生器出来的溶液加热。对于溶液循环，溶液在吸收器内变成高温稀溶液后，先对生活用水进行一次加热，然后被再生后的浓溶液预热，最后到再生器内再生。再生器的热量由该实验的电加热器提供，然而在实际应用中这些热量可以

由可再生能源（太阳能）或工业低温（废气废水余热）提供。浓溶液在换热器内被冷却后回到储液槽。在再生器出来的水蒸气可用来对生活热水进行二次加热，最后获得所需生活热水。

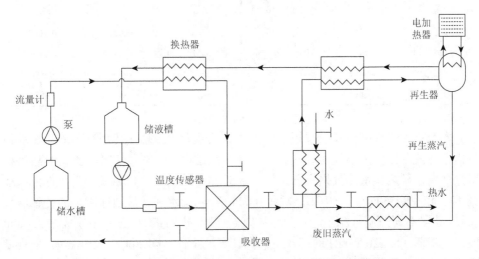

图 2-3　基于准逆流平板液液膜接触器的吸收式热泵实验装置

在实验中，为了实验的简便和低成本，使用的吸收器是具有两个流道的准逆流平板式膜接触器，它具有两层膜，且膜之间有空气隙，也称为空气隙膜。空气隙膜由两个有机玻璃板夹在中间，形成两个流道。上方的平板矩形流道用于水流动，下方的侧进侧出流道用于溶液流动。匀流器位于流道的入口和出口，以保证两股流体的入口速度均匀分布。所使用的改性膜是 PVDF（聚偏二氟乙烯）膜，并在其表面涂覆一层硅胶，增加其表面疏水性。实验室测试的膜的热力学性质总结于表 2-1 中，还列出了实验的膜接触器的其他传输参数和结构尺寸[13]。

表 2-1　膜接触器规格、膜参数、传递参数和入口参数

符号	单位	数值	符号	单位	数值
x_0	cm	50.0	λ_w	W/(m·K)	0.614
x_{in}	cm	5.0	Re_s	—	6.58
y_0	cm	20.0	Re_w	—	16.25
d_h	mm	2.0	ρ_a	kg/m^3	1.1615
d_a	mm	1.0	ρ_s	kg/m^3	1215
n_m	—	80	ρ_w	kg/m^3	1003

续表

符号	单位	数值	符号	单位	数值
D_{vm}	m²/s	1.35×10^{-6}	$T_{w,in}$	℃	40.0
D_{va}	m²/s	2.82×10^{-5}	$T_{s,in}$	℃	35.0
D_{ws}	m²/s	3.0×10^{-9}	$\omega_{w,in}$	kg/kg	0.0455
δ	μm	100	$\omega_{s,in}$	kg/kg	0.0046
λ_a	W/(m·K)	0.0263	$X_{s,in}$	kg/kg	0.55
λ_s	W/(m·K)	0.5	$X_{s,e}$	kg/kg	0.83

本章集中研究吸收器（平板膜式吸收式热泵）中的传热传质过程。纯净水和氯化锂溶液分别作为蒸发源和吸收剂。在实验过程中，校正了吸收器内的热量和质量平衡，显热和水蒸气损失分别低于 5.5%和 0.41%。入口名义操作条件为：水流 40℃和 0.0455 kg/kg；溶液 35℃和 0.0046 kg/kg。水和溶液由连接泵的传感器来调节，获得不同的质量流量。为了监测吸收器流体出口参数，分别用集成在 Agilent 数据收集器（53220A）的 K 型热电偶和转子流量计（DK800，Germany）来测量两股流体进出吸收器的温度和体积流量，使用硝酸银溶液滴定法来获得溶液进出吸收器的质量分数。测量误差为：体积流量±1%；温度±0.1℃；溶液的质量分数±1.4%。

2.3　数学模型实验验证

如上述实验可知，实验采用了双流道的准逆流平行板式膜接触器。相邻流道由两层平板膜及其空气隙隔离，顶部和底部的平面都是壳壁。为了对应双流道平板膜接触器结构，流动与传热传质模型被修改为仅有两层膜，且顶部和底部平面的温度、浓度的边界条件都被修改为无梯度，同时，在流道中的传热系数和传质系数已被修改。这些修改只用于模型的验证，验证完模型之后，数值研究仍然基于多通道的准逆流平行板膜接触器。水和溶液流体数值计算和实验测试的进出口温度差（ΔT_w 和 $\Delta T_{s,lift}$）和溶液质量分数差（ΔX_s）列于表 2-2 中，当溶液的质量流量（m_s）固定时，ΔT_w、$\Delta T_{s,lift}$ 和 ΔX_s 随着水的质量流量（m_w）的增大而增大，当 m_w 固定时，ΔT_w、$\Delta T_{s,lift}$ 和 ΔX_s 随着 m_s 的增大而减小。数值计算和实验结果之间的最大误差低于 10.0%。容易发现，温度误差一般比质量分数误差要大，这是因为接触器内部到周围环境的热量耗散。总之，数值计算结果和实验数据基本上是吻合的。模型验证之后，在基于表 2-1 列出的名义参数下，对用于制热的准逆流平板膜液液接触器进行数值研究分析。

表 2-2　比较双流道的准逆流平板膜液液接触器的数值计算和实验结果

操作条件		出口参数								
m_w / (kg/h)	m_s / (kg/h)	$\Delta T_{w,cal}$ /℃	$\Delta T_{w,exp}$ /℃	误差/%	$\Delta T_{s,lift,cal}$ /℃	$\Delta T_{s,lift,exp}$ /℃	误差/%	$\Delta X_{s,cal}$ / (g/kg)	$\Delta X_{s,exp}$ / (g/kg)	误差/%
5.01	3.05	−5.39	−5.7	5.75	16.99	15.7	7.59	22.05	21.2	3.85
5.98	3.02	−4.61	−4.9	6.29	17.41	16.1	7.52	22.47	21.4	4.76
7.02	3.00	−4.02	−4.3	6.97	17.72	16.2	8.58	22.76	22.1	2.90
8.06	2.99	−3.57	−3.8	6.44	17.94	16.6	7.47	22.99	22.3	3.00
8.05	4.01	−4.11	−4.3	4.62	15.07	14.0	7.10	17.68	17.1	3.28
8.01	5.01	−4.46	−4.7	5.38	12.88	12.1	6.06	14.31	13.8	3.56
8.01	6.00	−4.70	−4.9	4.26	11.21	10.8	3.66	11.99	11.4	4.92
7.99	7.01	−4.88	−5.0	2.46	9.89	9.5	3.94	10.32	9.8	5.04

2.4　流道内温度和平衡湿度分布分析

　　水和溶液在准逆流平板膜接触器中的温度和平衡湿度等值线如图 2-4 所示，水从左侧直接流到右侧，而溶液从右下角流进再从左上角流出流道，它们处于准逆流布置。由图 2-4（a）和（b）可见，所有等值线几乎垂直于壁面和出口。水和溶液的等值线的形状类似，像是一个波浪从溶液入口传播到出口然后消失。溶液的温度随着水蒸气的扩散而升高，这是因为透过膜和空气隙从水流吸收水蒸气获得吸收热，而水的温度由于水蒸气蒸发而降低。溶液的温度大概比跨过空气隙膜的相同位置的水高 3~18℃，并且这个温差随着溶液的流动方向而增大。由于空气隙的存在，膜接触器内总传热阻力较大（约 0.0465 m·K/W），因此从溶液返回水的显热传递大大减少了。由图 2-4（c）和（d）可见，水和溶液的平衡湿度等值线的形状都与温度等值线类似。因为两股流之间的总传质阻力较大（约 150 s/m），所以应该考虑湿度差。跨过膜的相同位置的温度梯度也不能忽略。

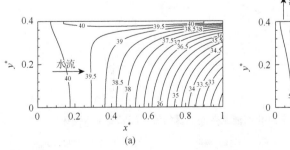

(a)

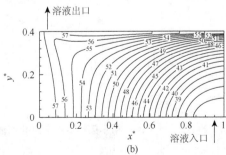

(b)

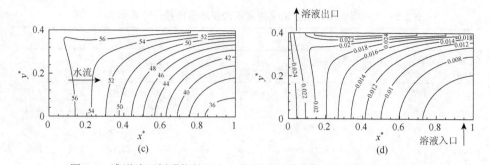

图 2-4　准逆流平板膜接触器内水流和溶液流的温度和平衡湿度等值线

m_w=100.0 kg/h，m_s=60.0 kg/h，x_{in}^*=0.1，y_0^*=0.4；（a）水温度（T_w）；（b）溶液温度（T_s）；（c）水平衡湿度（ω_w）；（d）溶液平衡湿度（ω_s）

　　水和溶液流之间的传热和传质通过空气隙膜强烈耦合。跨过膜，从水到溶液存在水蒸气的净流量，这实现了潜热的传递，同时，两股流之间也存在显热的传递。为了研究两股流之间的耦合传热和传质，从水到溶液的显热流密度[q_{sen}=2$h_{tot}(T_w-T_s)$]和潜热流密度[q_{Lat}=2$\rho_a k_{tot}(\omega_w-\omega_s)(H_{evap}+H_{mix})$]的等值线如图 2-5 所示，可见，显热

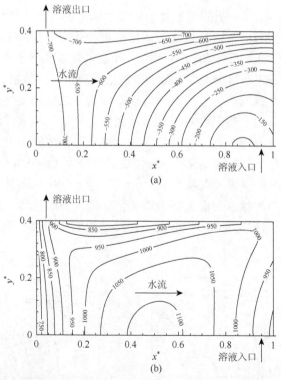

图 2-5　准逆流平板膜接触器内水流和溶液流之间的显热流密度和潜热流密度等值线

m_w=100.0 kg/h，m_s=60.0 kg/h，x_{in}^*=0.1，y_0^*=0.4；（a）显热流密度（q_{sen}）；（b）潜热流密度（q_{Lat}）

流密度等值线的形状类似于温度和平衡湿度等值线的形状。但是潜热流密度等值线比显热流密度等值线要复杂。显热流密度（q_{sen}）的值随着溶液流动方向而减小，潜热流密度（q_{Lat}）的最大值在中下部，q_{Lat} 从左边、右边和中上部到最大值的区域一直增大。溶液被 q_{Lat} 加热的同时被 q_{sen} 冷却。q_{sen} 和 q_{Lat} 的总和在−32 W/m^2 到 750 W/m^2 之间变化，在左下角的较大温差成为不利因素。但是 q_{Lat} 占主导作用，因为溶液吸收水蒸气获得吸收热，溶液温度升高。

2.5　流道入口比和长宽比对于平板膜式热泵性能的影响分析

本章提出了一种用于制热的准逆流平行板式液液膜接触器。溶液流道入口比和长宽比是决定流道形状的两个关键参数，因此应该研究入口比和长宽比对溶液温升和效率的影响以找到最佳形状。溶液流道入口比对准逆流平行板式膜接触器中溶液温升和效率的影响如图 2-6 所示，同时给出了纯错流和纯逆流的数值计算结果用于比较，分别在右边和左边的椭圆内。当入口比从 0.1 增加到 0.95 时，溶液温升和效率都先减小后增大，当入口比接近 0.6 时到达最小值，且最小值接近纯错流的数值。当入口比从 0.6 增加到 0.95 时，溶液的温升和效率一直增大，在 0.95 时达到最大值并且比纯错流的数值大 1.75%左右。然而当入口比从 0.1 增加到 0.6 时，溶液温升和效率都随之减小，当入口比为 0.1 时比纯错流大 6.15%左右。准逆流膜接触器和纯错流膜接触器的性能要比纯逆流小，为了提高性能，可采用较小的入口比。

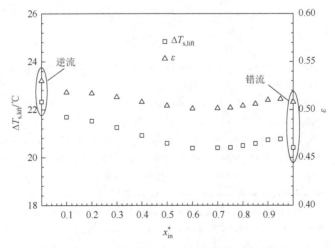

图 2-6　溶液流在不同入口比（x_{in}^*）的 QPMAHP 内温升和效率的变化

y_0^*=0.4, m_w=100.0 kg/h, m_s=60.0 kg/h

　　流道长宽比对准逆流平行板式液液膜接触器中溶液温升和效率的影响如图 2-7 所示，纯错流和纯逆流的数值分别在右边和左边的椭圆内，当长宽比从 0.95 降低到 0.1 时，溶液的温升和效率都随之增大，它们的数值都处于纯错流和纯逆流之间。长宽比为 0.1 时，溶液温升要比纯错流大 9.1%左右。显然，当入口比和长宽比都足够小时，用于制热的准逆流平行板式液液膜接触器的效率更高，这是因为在这种情况下水和溶液流更接近于纯逆流布置。

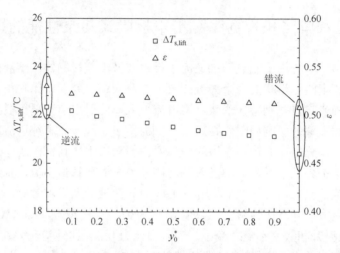

图 2-7　溶液流在不同长宽比（y_0^*）的 QPMAHP 内温升和效率的变化

$x_{in}^* = 0.1$，$m_w = 100.0$ kg/h，$m_s = 60.0$ kg/h

参 考 文 献

[1]　Woods J，Pellegrino J，Kozubal E，et al. Modeling of a membrane-based absorption heat pump. Journal of Membrane Science，2009，337（1-2）：113-124.

[2]　Woods J，Pellegrino J，Kozubal E，et al. Design and experimental characterization of a membrane-based absorption heat pump. Journal of Membrane Science，2011，378（1-2）：85-94.

[3]　Woods J. An ambient-pressure absorption heat pump using microporous membranes：Design，modeling，and experimental investigation. PhD Dissertation. Mechanical Engineering，University of Colorado，2011.

[4]　Woods J，Pellegrino J. Heat and mass transfer in liquid-to-liquid membrane contactors：Design approach and model applicability. International Journal of Heat and Mass Transfer，2013，59：46-57.

[5]　Zhang L Z. An analytical solution to heat and mass transfer in hollow fiber membrane contactors for liquid desiccant air dehumidification. Journal of Heat Transfer-Transactions of the ASME，2011，133（9）：092001-1-8.

[6]　Zhang L Z. Coupled heat and mass transfer in an application-scale cross-flow hollow fiber membrane module for air humidification. International Journal of Heat and Mass Transfer，2012，55（21）：5861-5869.

[7]　Zhang L Z. Heat and mass transfer in a randomly packed hollow fiber membrane module：A fractal model approach.

International Journal of Heat and Mass Transfer，2011，54（13）：2921-2931.

[8]　Huang S M，Yang M，Chen B，et al. Laminar flow and heat transfer in a quasi-counter flow parallel-plate membrane channel（QCPMC）. International Journal of Heat and Mass Transfer，2015，86：890-897.

[9]　Zhang L Z. Heat and mass transfer in a quasi-counter flow membrane-based total heat exchanger. International Journal of Heat and Mass Transfer，2010，53（23）：5478-5486.

[10]　Simonson C J，Besant R W. Energy wheel effectiveness. Part I. Development of dimensionless groups. International Journal of Heat and Mass Transfer，1999，42（12）：2161-2170.

[11]　Robertson J M. Hydrodynamics in theory and application. Prentice-Hall Inc，Englewood Cliffs，NJ，1965.

[12]　Patil K R，Tripathi A D，Pathak G，et al. Thermodynamic properties of aqueous electrolyte solutions. 1. Vapor pressure of aqueous solutions of LiCl，LiBr，and LiI. Journal of Chemical and Engineering Data，1990，35（2）：166-168.

[13]　Huang S M. Heat and mass transfer in a quasi-counter flow parallel-plate membrane-based absorption heat pump（QPMAHP）. Journal of Membrane Science，2015，496（15）：39-47.

第3章　中空纤维膜式吸收式热泵

第 2 章介绍了平板膜式吸收式热泵（平板液液膜接触器）[1, 2]。该接触器采用空气隙平板膜构成流道，接触器填充密度较低（500 m²/m³）。本章将介绍中空纤维膜式吸收式热泵（中空纤维膜液液接触器，HFMAHP）[3, 4]，填充密度高达1500 m²/m³，如图 3-1 所示。中空纤维膜式吸收式热泵由中空纤维膜管束安装在带

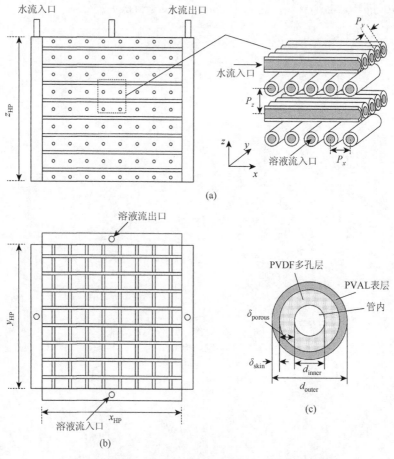

图 3-1　错流中空纤维膜吸收式热泵结构示意图

（a）正视图和内部结构；（b）俯视图；（c）单根中空纤维膜的横截面结构

有两个入口和出口的外壳中形成，管束由多排错流布置的中空纤维管组成，并且相邻两排之间有空气隙，空气隙由中空纤维膜管自身机械强度支撑，没有任何其他部件，最大限度地提高了传热传质面积。

Woods 等学者[4, 5]对类似膜接触器中的传热传质进行了实验研究和数值研究。本章将在此基础上，通过将中空纤维膜管束等效转换为平行板式膜的方法研究了中空纤维膜液液接触器中的耦合传热传质过程，建立了水蒸气蒸发透过中空纤维膜和空气隙进入液体吸湿剂的传热传质无量纲控制方程；采用有限差分法进行求解，计算出压降和溶液温升；揭示出膜本体传输性质、接触器填充率、纤维管直径、纤维管间距等对其性能的影响规律，将此研究结果与平行板式膜的情况相比较。

3.1　中空纤维膜式吸收式热泵传热传质数学模型

3.1.1　总传热系数和总传质系数

1. 几何参数

中空纤维膜式热泵（中空纤维膜液液接触器）的填充率是总的纤维管外横截面积与接触器横截面积之比。膜接触器的长（x_{HP}）和宽（y_{HP}）设定为相同，y 轴方向的纤维管可以想象为是 x 轴方向的纤维管旋转了 90°，呈错流结构形式。因此填充率的计算式为：

$$\varphi = \frac{n_{\text{fiber}} \pi d_{\text{o}}^2}{4 x_{HP} z_{HP}} \tag{3-1}$$

其中，z_{HP} 是膜接触器高度（m）；d_{o} 是纤维管外径（m）；n_{fiber} 是纤维管数，可由式（3-2）获得：

$$n_{\text{fiber}} = \frac{x_{HP} z_{HP}}{P_x P_z} \tag{3-2}$$

其中，P_x 和 P_z 分别是 x 轴和 z 轴方向的纤维管间距（m）；图 3-1（a）中所示的 P_y 是 y 轴方向的纤维管间距，并且设定为与 P_x 相同。

膜接触器的填充密度（A_v，m^2/m^3）定义为：

$$A_v = \frac{n_{\text{fiber}} \pi d_{\text{o}}}{x_{HP} z_{HP}} \tag{3-3}$$

2. 压降、流道内热量和水蒸气传递

压降（Δp）可由式（3-4）计算：

$$\Delta p = f \frac{L}{D_\text{h}} \frac{\rho u^2}{2} \tag{3-4}$$

其中，ρ 是密度（kg/m³）；f 是阻力系数；u 是速度（m/s）；D_h 是当量直径（m），等于纤维管内径（d_i）；L 是流道长度，等于 x_HP 或 y_HP。

水和溶液都在纤维管内流动，对于圆管内的层流流动，阻力系数和雷诺数的乘积满足[6]：

$$fRe = 64 \tag{3-5}$$

流道内努塞特数（Nu）可由 Hausen 关系式[7]计算：

$$Nu = Nu_\text{lim} + \frac{0.085(RePrD_\text{h}/L)}{1.0 + (RePrD_\text{h}/L)^{0.67}} \left(\frac{\nu_\text{b}}{\nu_\text{wall}} \right)^{0.14} \tag{3-6}$$

其中，下标"b"和"wall"分别表示"质量平均"和"壁面平均"；ν 是运动黏度（m/s²）；Nu_lim 等于 3.66。

纯水被用作蒸发剂，因此水侧的传质阻力在浓度边界层内可以忽略。对于溶液侧的传质过程，当格雷茨数（Gz）大于 50 时，浓度边界层仍然在发展过程中尚未充分发展。舍伍德数可由式（3-7）获得[4]：

$$Sh = 1.08Gz^{1/3} \tag{3-7}$$

其中，格雷茨数定义为[4]：

$$Gz = ReSc \frac{d_\text{i}}{L} \tag{3-8}$$

传热系数和传质系数可由努塞特数和舍伍德数获得：

$$Nu = \frac{hD_\text{h}}{\lambda} \tag{3-9}$$

$$Sh = \frac{kD_\text{h}}{D_\text{f}} \tag{3-10}$$

其中，h 和 k 分别是传热系数和传质系数；λ 是导热系数［W/(m·K)］；D_f 是扩散系数（m²/s），D_ws 是水蒸气在溶液中的扩散系数，D_va 是水蒸气在空气中的扩散系数。

3. 膜内的传热和传质

膜接触器内使用了复合膜，复合膜由两层薄膜组成：多孔聚合物 PVDF（聚偏氟乙烯）层和致密 PVAL（聚乙烯醇）表层。选择透过性和机械强度由这两薄膜层共同决定。由复合膜构成的单根纤维管的结构如图 3-1（c）所示，由此可见，多孔层被致密的表层包围。PVDF 支撑层的水蒸气扩散机制是克努森扩散与普通扩散的组合[8]，扩散系数计算式为：

$$D_\text{Kor}^{-1} = D_\text{K}^{-1} + D_\text{or}^{-1} \tag{3-11}$$

其中，克努森扩散系数可由式（3-12）计算[9]：

$$D_K = \frac{d_p}{3}\sqrt{\frac{8RT}{\pi M_v}} \tag{3-12}$$

其中，d_p 是平均孔径（m）；T 是温度（K）；M_v 是水蒸气分子摩尔质量（kg/mol）；R 是摩尔气体常量，为 8.314 J/(mol·K)。

水蒸气在空气中的扩散系数可由式（3-13）计算[9]：

$$D_{or} = \frac{C_a T^{1.75}}{p_{atm}(v_v^{1/3} + v_a^{1/3})^2}\sqrt{\frac{1}{M_v} + \frac{1}{M_a}} \tag{3-13}$$

其中，$C_a = 3.203 \times 10^{-4}$；$v_v$ 和 v_a 是分子体积扩散系数，$v_v = 12.7$，$v_a = 20.1$；p_{atm} 是大气压（Pa）；M_a 是空气分子摩尔质量（kg/mol）；M_v 是水蒸气分子摩尔质量（kg/mol）。

PVDF 多孔层中的有效水蒸气扩散系数可由式（3-14）获得[9]：

$$D_{vporous} = \frac{\varepsilon_{porous} D_{Kor}}{\tau_{porous}} \tag{3-14}$$

其中，τ_{porous} 和 ε_{porous} 分别是多孔层的弯曲度和孔隙率。

在 PVAL 表层的水蒸气传递过程符合溶液扩散机制，它的有效扩散系数可由式（3-15）获得[9]：

$$D_{vskin} = \frac{D_{ad,skin}}{\rho_a}\rho_{skin}\Psi \tag{3-15}$$

其中，D_{vskin} 是 PVAL 致密表层的吸附水扩散系数（m²/s）；ρ_{skin} 是 PVAL 表层的密度（kg/m³）；Ψ 是分配系数，是 PVAL 层和空气流的水蒸气浓度比，可在实验室中测量[8]；$D_{ad,skin}$ 是 PVAL 表层的吸附水扩散系数（m²/s）。

通过整个膜（两薄膜层）的水蒸气传递总阻力是通过多孔层和表层的阻力总和，通过膜的有效水蒸气扩散系数可由式（3-16）计算：

$$\frac{\delta}{D_{vm,eff}} = \frac{\delta_{porous}}{D_{vporous}} + \frac{\delta_{skin}}{D_{vskin}} \tag{3-16}$$

其中，δ 是膜厚度，是 δ_{porous} 和 δ_{skin} 的总和。

多孔层的导热系数可由式（3-17）获得[10]：

$$\lambda_{porous} = \lambda_a \varepsilon_{porous} + \lambda_{solid,porous}(1 - \varepsilon_{porous}) \tag{3-17}$$

其中，下标"a"和"solid"分别表示湿空气和固体材料部分；ε 是孔隙率。

通过膜的有效导热系数可由式（3-18）计算：

$$\frac{\delta_m}{\lambda_{m,eff}} = \frac{\delta_{porous}}{\lambda_{solid,porous}} + \frac{\delta_{skin}}{\lambda_{skin}} \tag{3-18}$$

4. 气隙的传热和传质

气隙的传热系数和传质系数可分别由式（3-19）和式（3-20）计算[4]：

$$h_{\text{gap}} = \frac{\lambda_{\text{a}}}{d_{\text{gap,eff}}} + \frac{\sigma_{\text{SB}}F_{1\text{-}2}}{2/\varepsilon_{\text{rad}} - 1}(T_1^2 + T_2^2)(T_1 + T_2) \tag{3-19}$$

$$k_{\text{gap}} = \frac{D_{\text{va}}}{d_{\text{gap,eff}}} \tag{3-20}$$

其中，σ_{SB} 是斯特藩-玻尔兹曼常数 $[W/(m^2 \cdot K^4)]$；ε_{rad} 是纤维管外表面的辐射渗透率；T_1 和 T_2 是纤维管外表面温度（K）；$F_{1\text{-}2}$ 和 $d_{\text{gap,eff}}$ 分别是辐射角系数和有效气隙厚度（m）。它们在参考文献[4]中已经给出。

5. 水和溶液间的总传热系数与总传质系数

水和溶液通过空气隙膜的总传热阻力与总传质阻力是一系列阻力的总和，总传热阻力和总传质阻力可分别由式（3-21）和式（3-22）计算[11]：

$$\frac{1}{h_{\text{tot}}} = \frac{1}{h_{\text{w}}}\frac{d_{\text{o}}}{d_{\text{i}}} + \frac{\delta}{\lambda_{\text{m,eff}}}\frac{d_{\text{o}}}{d_{\text{log}}} + \frac{1}{h_{\text{gap}}} + \frac{\delta}{\lambda_{\text{m,eff}}}\frac{d_{\text{o}}}{d_{\text{log}}} + \frac{1}{h_{\text{s}}}\frac{d_{\text{o}}}{d_{\text{i}}} \tag{3-21}$$

$$\frac{1}{k_{\text{tot}}} = \frac{\delta}{D_{\text{vm,eff}}}\frac{d_{\text{o}}}{d_{\text{log}}} + \frac{1}{k_{\text{gap}}} + \frac{\delta}{D_{\text{vm,eff}}}\frac{d_{\text{o}}}{d_{\text{log}}} + \frac{1}{k_{\text{s}}}\frac{d_{\text{o}}}{d_{\text{i}}} \tag{3-22}$$

其中，下标"log"表示对数平均值。

3.1.2　热量和质量守恒方程

从图 3-1 中可见，水和溶液在中空纤维管内以错流布置的方式流动，中空纤维膜液液接触器包括多行纤维膜管道，并且管间带空气隙。由于管道的数量非常多（2000～6000），直接对整个管束建模是非常困难的，因此本章采用一种新方法，就是将中空纤维膜管束等效转换为 x-y 平面上的一系列平行板流道[10]。包含水流道、相邻溶液流道、两层膜及其空气隙的计算单元如图 3-2 所示，由图可知，这些流道是沿 z 轴堆叠起来的。流道的长和宽分别为 x_{HP} 和 y_{HP}，它们分别等于膜接触器的长和宽。流道间距（z'_{HP}）是假设的参数，膜的间距为有效气隙厚度（$d_{\text{gap,eff}}$）。流道与整个膜接触器有相同的传递面积。因此将复杂的错流中空纤维膜管束变换为简单的平行平板膜流道。

从图 3-2 中可见，水和溶液分别沿 x 轴和 y 轴流动，在两股流体之间进行热量和水蒸气交换。水流作为蒸发源，溶液流作为吸收剂。水蒸气从水流透过空气隙膜被溶液流吸收。潜热和混合热被释放到溶液侧，溶液温度升高，使低温热量转变为高温可用热量。由于空气隙的传热阻力较大，大幅减少了被加热溶液的显热传递回水侧。

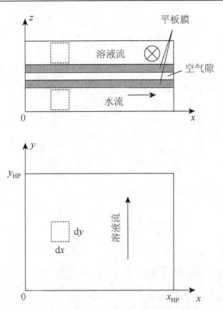

图 3-2　错流中空纤维膜式吸收式热泵（中空纤维膜液液接触器）内传热传质模型

所建立的数学模型是二维稳态的，水和溶液都是层流（$Re < 2000$），并且是具有恒定的热物理性质的牛顿流体。其他假设如下：①忽略膜接触器内部热量和质量耗散到周围环境；②忽略流体流动方向的热量和水蒸气扩散，热量和质量只沿着 z 轴方向传递；③水和溶液流道传热传质由平均速度、温度、平衡湿度和质量分数进行计算。

对于水流，水蒸气蒸发的热量由水本身提供，同时溶液的显热传递回水侧，因此热量守恒的无量纲方程为：

$$\frac{\partial T_w^*}{\partial x^*} = \mathrm{NTU}_{sen}(T_s^* - T_w^*) + H_{evap}^* \mathrm{NTU}_{Lat}(\omega_s^* - \omega_w^*) \tag{3-23}$$

其中，T 和 ω 分别是温度（K）和湿度（kg/kg）；上标"*"表示无量纲形式；下标"w"和"s"分别表示水和溶液；NTU 是传热传质单元数，被定义为：

$$\mathrm{NTU}_{sen} = \frac{h_{tot} A_{tot}}{2 m_w c_w} \tag{3-24}$$

$$\mathrm{NTU}_{Lat} = \frac{\rho_a k_{tot} A_{tot}}{2 m_w} \tag{3-25}$$

其中，A_{tot} 是纤维管外表面的总面积（m^2）；c 是比热容 [kJ/(kg·K)]；m 是质量流量（kg/s）。

$$Le_{tot} = \frac{\mathrm{NTU}_{sen}}{\mathrm{NTU}_{Lat}} = \frac{h_{tot}}{\rho_a c_w k_{tot}} \tag{3-26}$$

水的表面平衡湿度是温度的函数，可以由式（3-27）计算：

$$\omega_{\mathrm{w}} = \frac{10^6}{e^{5294/T_{\mathrm{w}}} - 1.61} \tag{3-27}$$

对于溶液流，溶液吸收了来自水流的水蒸气，并且潜热和混合热被释放到溶液侧，两股流之间存在显热和水蒸气交换。因此热量和质量守恒的无量纲方程为：

$$\frac{\partial T_{\mathrm{s}}^*}{\partial y^*} = m_{\mathrm{sen}}^* \mathrm{NTU}_{\mathrm{sen}}(T_{\mathrm{w}}^* - T_{\mathrm{s}}^*) + H_{\mathrm{abs}}^* \mathrm{NTU}_{\mathrm{Lat}}(\omega_{\mathrm{w}}^* - \omega_{\mathrm{s}}^*) \tag{3-28}$$

$$\frac{\partial X_{\mathrm{s}}^*}{\partial y^*} = R_{\mathrm{l}} \mathrm{NTU}_{\mathrm{Lat}}(\omega_{\mathrm{w}}^* - \omega_{\mathrm{s}}^*) \tag{3-29}$$

其中，X_{s} 是溶液的质量分数（kg 水/kg 溶液）。

无量纲坐标定义为：

$$x^* = \frac{x}{x_{\mathrm{HP}}}, \quad y^* = \frac{y}{y_{\mathrm{HP}}} \tag{3-30}$$

无量纲温度、湿度、溶液质量分数及其他无量纲参数定义如第 2 章所示。溶液温升定义和控制方程的求解方法不再赘述。

3.2　中空纤维膜式热泵制热实验研究

中空纤维膜式热泵测试装置类似于第 2 章中的平板膜式热泵装置，如图 2-3 所示。由图可知，本章中的吸收器为如图 3-1 所示的中空纤维膜液液接触器，其他部件及装置运行原理都一样。如图 3-1 所示，吸收器是由中空纤维膜管束组成的中空纤维膜式热泵。管束由多行中空纤维管构成，行与行及管与管之间有空气隙。中空纤维复合膜包含一层多孔 PVDF（聚偏氟乙烯）层和一层致密 PVAL（聚乙烯醇）表层，选择透过性由 PVAL 表层提供，而机械强度主要由 PVDF 层决定。中空纤维膜式吸收式热泵的结构、流体入口参数、复合膜结构及其传输参数列于表 3-1 中。实验测试方法如本章所述。

表 3-1　中空纤维膜式吸收式热泵的结构、流体入口参数、复合膜结构及其传输参数

符号	单位	数值	符号	单位	数值
x_{HP}	cm	15.0	λ_{a}	W/(m·K)	0.0263
y_{HP}	cm	15.0	λ_{s}	W/(m·K)	0.5
z_{HP}	cm	10.0	λ_{w}	W/(m·K)	0.614
d_{o}	mm	1.5	$\lambda_{\mathrm{solid, porous}}$	W/(m·K)	0.36
d_{i}	mm	1.2	λ_{skin}	W/(m·K)	0.36
δ_{porous}	μm	110	m_{s}	kg/h	50.0
δ_{skin}	μm	40	m_{w}	kg/h	50.0
d_{p}	μm	0.15	ρ_{a}	kg/m³	1.1615

续表

符号	单位	数值	符号	单位	数值
τ_{porous}	—	3.0	ρ_s	kg/m³	1215
$\varepsilon_{\text{porous}}$	—	0.65	ρ_w	kg/m³	1003
Ψ	—	15	ρ_{skin}	kg/m³	1280
P_x/d_o	—	1.5	$T_{w,\,\text{in}}$	℃	40.0
P_y/d_o	—	1.5	$T_{s,\,\text{in}}$	℃	35.0
P_z/d_o	—	1.5	$\omega_{w,\,\text{in}}$	kg/kg	0.0455
D_{va}	m²/s	2.6×10^{-5}	$\omega_{s,\,\text{in}}$	kg/kg	0.0046
$D_{\text{ad, skin}}$	m²/s	3.2×10^{-10}	$X_{s,\,\text{in}}$	kg/kg	0.55
D_{ws}	m²/s	3.0×10^{-9}	$X_{s,\,e}$	kg/kg	0.83

3.3　数学模型实验验证

不同质量流量下中空纤维膜式热泵的溶液温升的计算结果和实验测试结果如图 3-3 所示。由图可知，当水的质量流量固定为 50 kg/h 时，溶液质量流量越小，溶液温升越大。当溶液质量流量固定为 50 kg/h 时，水质量流量越大，溶液温升越大。无论水和溶液的质量流量如何改变，溶液温升的计算结果都基本上符合实验测试数据，最大误差在 7.2% 之内。进行模型验证后，将基于表 3-1 所列参数对中空纤维膜式热泵传热传质进行数值计算研究。

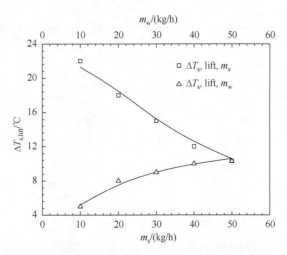

图 3-3　不同质量流量（m_s 和 m_w）下的数值计算和实验测试结果

$T_{w,\,\text{in}}$=40℃，$T_{s,\,\text{in}}$=35℃，$\omega_{w,\,\text{in}}$=0.0455 kg/kg，$\omega_{s,\,\text{in}}$=0.0046 kg/kg，$X_{s,\,\text{in}}$=0.55 kg/kg

3.4　温度和湿度分布分析

中空纤维膜式热泵内水和溶液流在 x-y 平面的温度和平衡湿度分布分别如图 3-4 和图 3-5 所示。由图可知，水和溶液以错流的方式分别沿 x 轴和 y 轴方向流动，通过空气隙膜交换热量和水蒸气。所有等值线都几乎垂直于壁面，等值线的值是逐点变化的，等值线的形状都类似于斜线。由图 3-4 可知，由于通过空气隙膜从水流中吸收水蒸气而获得热量使溶液温度沿着流动方向逐渐升高，而水的温

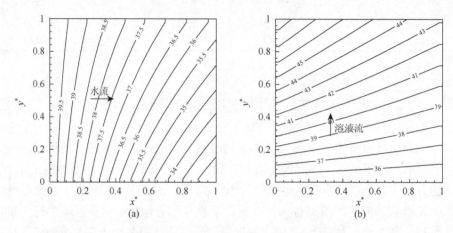

图 3-4　HFMAHP 内水和溶液流在 x-y 平面上的温度分布

δ_{porous}=110 μm，δ_{skin}=40 μm，φ=0.349，m_s=50.0 kg/h，m_w=50.0 kg/h；（a）水温度（T_w）；（b）溶液温度（T_s）

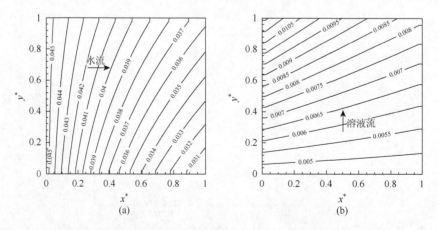

图 3-5　HFMAHP 内水和溶液流在 x-y 平面上的平衡湿度分布

δ_{porous}=110 μm，δ_{skin}=40 μm，φ=0.349，m_s=50.0 kg/h，m_w=50.0 kg/h；（a）水平衡湿度（ω_w）；（b）溶液平衡湿度（ω_s）

度则由于水蒸气蒸发而逐渐降低。在 x-y 平面上，溶液温度比水流温度要高 0.5～10℃，而且这一差值沿着溶液流动方向越来越大，这是因为膜式热泵的总传热阻力是比较大的（约 0.045 m·K/W），所以从溶液传递回水侧的显热损失大幅减小了。类似地，从图 3-5 中可见，总传质阻力较大（约 193 s/m），导致通过膜两侧的湿度差也很大。

3.5　中空纤维膜式热泵结构参数对其性能的影响分析

中空纤维膜式热泵填充率（φ）对传热传质基本数据的影响列于表 3-2 中，由表可知，当填充率在 0.209～0.549 变化时，纤维管数量（n_{fiber}）在 2222～5828 变化。当填充密度（A_{v}）从 558.5 增大到 1464.6 时，填充率从 0.209 增大到 0.402。x 轴（P_x）和 y 轴（P_y）方向的纤维管间距固定为 1.5，而 z 轴方向的纤维管间距（P_z）在 2.5～1.3 变化。当 P_x（P_y）固定为 1.3 时，P_z 从 1.5 下降到 1.1，填充率从 0.402 增大到 0.549。填充率（φ）越大，水侧压降（Δp_{w}）和溶液侧压降（Δp_{s}）越小，这是因为纤维管内流速和流动阻力随着纤维管数的增加而减小。$\mathrm{NTU}_{\mathrm{sen}}$ 和 $\mathrm{NTU}_{\mathrm{Lat}}$ 都随填充率的增大而增大，并且 $\mathrm{NTU}_{\mathrm{sen}}$ 增大得比 $\mathrm{NTU}_{\mathrm{Lat}}$ 快，结果导致 Le_{tot} 增大。当纤维管数量（n_{fiber}）增加时，膜和纤维管内的传热和传质阻力基本不变。空气隙间距随填充率的增大而减小，导致空气隙的阻力减小。总的传热阻力主要取决于空气隙，因此总传热阻力较大程度地减小了。当填充率增大时，溶液温升先增大然后减小，这是因为随着空气隙间距的减小，从溶液传递回水流的显热增多了。

表 3-2　结构参数对错流中空纤维膜式热泵性能的影响规律

参数	纤维数量 n_{fiber}							
	2222	2778	3702	4274	4748	5218	5574	5828
φ	0.209	0.262	0.349	0.402	0.447	0.483	0.525	0.549
A_{v}/(m²/m³)	558.5	698.1	930.8	1074.1	1193.4	1288.9	1400.9	1464.6
P_x（$=P_y$）	1.5	1.5	1.5	1.5	1.35	1.25	1.15	1.1
P_z	2.5	2.0	1.5	1.3	1.3	1.3	1.3	1.3
Δp_{w}/Pa	31.42	25.14	18.86	16.34	14.71	13.62	12.53	11.98
Δp_{s}/Pa	153.72	123.01	92.24	79.94	71.94	66.61	61.28	58.62
$\mathrm{NTU}_{\mathrm{sen}}$	0.118	0.193	0.401	0.621	0.782	0.955	1.295	1.659
$\mathrm{NTU}_{\mathrm{Lat}}$	0.189	0.259	0.388	0.473	0.529	0.573	0.624	0.652
Le_{tot}	0.631	0.746	1.033	1.314	1.477	1.667	2.076	2.544
$\Delta T_{\mathrm{s,\,lift}}$/℃	6.79	8.53	10.60	11.28	11.61	11.72	11.55	11.22

为了比较中空纤维膜式热泵（HFMAHP）和平行板式膜式热泵（PMAHP）的性能，在不同填充率下 HFMAHP 和错流 PMAHP（数据来自于参考文献[1-3]）的溶液温升和流道压降如图 3-6 所示。由图可知，当填充率（φ）从 0.209 增大到 0.549 时，水和溶液流道的压降都减小，而溶液温升先增大后减小，而且当填充率（φ）等于 0.48 时溶液温升达到最大值。当填充率大于 0.262 时，由于具有更大的填充密度（>630 m^2/m^3），HFMAHP 的溶液温升大于 PMAHP。然而 PMAHP 的水和溶液侧压降分别为 HFMAHP 中的水和溶液侧压降的 1/10～1/4 和 1/30～1/10。结果表明，填充率（φ）为 0.48 可能是很好的选择。

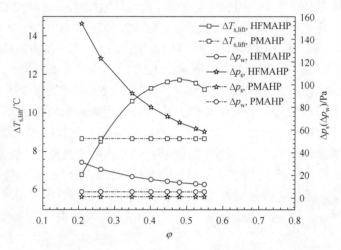

图 3-6　比较中空纤维膜式热泵（HFMAHP）和错流平行板式膜式热泵（PMAHP）在不同填充率（φ）下的溶液温升（$\Delta T_{s,\,lift}$）和流道压降（Δp_s，Δp_w）

δ_{porous}=110 μm，δ_{skin}=40 μm，m_s=50.0 kg/h，m_w=50.0 kg/h

除了填充率（φ），纤维管外径（d_o）也是另外一个影响 HFMAHP 性能的因素，膜的厚度固定为 150 μm。在不同纤维管外径下 HFMAHP 的溶液温升和流道压降如图 3-7 所示。由图可知，当纤维管外径从 0.8 mm 增大到 2.5 mm 时，溶液温升和水与溶液流道压降（Δp_s，Δp_w）都降低。当纤维管外径从 1.25 mm 变化到 2.0 mm 时，流道的压降小于 180 Pa，并且在很小的范围内变化；当纤维管外径从 1.25 mm 变化到 0.75 mm 时，流道的压降（Δp_s，Δp_w）快速增大（尤其是溶液流道压降，增大了近 6.4 倍），总的膜面积几乎翻倍，即使压降和膜面积都增大了非常多，溶液温升也只增加了 2.1℃。因此纤维外径应该综合溶液温升和流道压降。结果表明，最佳的纤维管外径约为 1.2 mm，因为它具有相对更低的压降（<200 Pa）和更高的溶液温升。

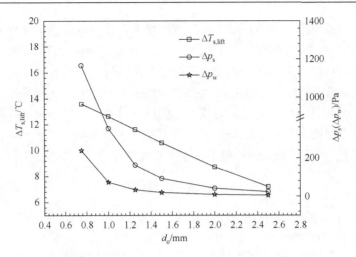

图 3-7　HFMAHP 在不同纤维外径（d_o）下的溶液温升（$\Delta T_{s,\text{lift}}$）和流道压降（Δp_s，Δp_w）

δ_{porous}=110 μm，δ_{skin}=40 μm，P_x/d_{outer}=P_y/d_{outer}=P_z/d_{outer}=1.5，δ_m=150 μm，m_s=50.0 kg/h，m_w=50.0 kg/h

3.6　膜传输参数对膜式热泵性能的影响分析

如前所述，HFMAHP 中复合膜由一层 PVDF 多孔层和一层 PVAL 致密表层组成。为了揭示膜传输特性对 HFMAHP 性能的影响，不同致密表层厚度对溶液温升和总传热传质系数的影响规律如图 3-8 所示。由图可知，膜厚度固定为 150 μm，其他参数列于表 3-1 中。随表层厚度的增加，溶液温升、总传热系数和总传质系

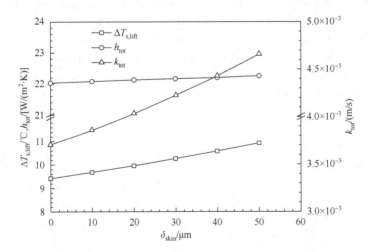

图 3-8　致密表层厚度对 HFMAHP 内溶液温升、总传热系数和总传质系数（h_{tot} 和 k_{tot}）的影响

δ_m=150 μm，φ=0.349，m_s=50.0 kg/h，m_w=50.0 kg/h

数都增大。当膜厚度不变时，随表层厚度的增大会导致多孔层厚度减小。对于总传热系数，随表层厚度的增大只会增大一点点，这是因为膜厚度非常小（150 μm），导致膜本体传热阻力相当小。然而，溶液温升和总传质系数的增加幅度都比总传热系数要大。当表层厚度从 0.0 μm 增加到 50 μm 时，溶液温升和总传质系数分别增大了 25.6%和 16.0%，这是因为膜对总传质系数占主导性影响，从而影响溶液温升，并且表层比多孔层的影响更大。结果表明，在相同膜厚度下增加表层厚度以提高性能是一个很好的选择，然而过小的多孔层厚度会大幅降低膜的机械强度。

参 考 文 献

[1] Woods J, Pellegrino J, Kozubal E, et al. Modeling of a membrane-based absorption heat pump. Journal of Membrane Science, 2009, 337 (1-2): 113-124.

[2] Woods J. An ambient-pressure absorption heat pump using microporous membranes: Design, modeling, and experimental investigation. PhD Dissertation. Mechanical Engineering, University of Colorado, 2011.

[3] Huang S M. Heat and mass transfer in a quasi-counter flow parallel-plate membrane-based absorption heat pump (QPMAHP). Journal of Membrane Science, 2015, 496: 39-47.

[4] Woods J, Pellegrino J, Kozubal E, et al. Design and experimental characterization of a membrane-based absorption heat pump. Journal of Membrane Science, 2011, 378 (1-2): 85-94.

[5] Woods J, Pellegrino J. Heat and mass transfer in liquid-to-liquid membrane contactors: Design approach and model applicability. International Journal of Heat Mass Transfer, 2013, 59: 46-57.

[6] Zhang L Z. Coupled heat and mass transfer in an application-scale cross-flow hollow fiber membrane module for air humidification. International Journal of Heat Mass Transfer, 2012, 55: 5861-5869.

[7] Incropera F P, Dewitt D P. Introduction to Heat Transfer. 3rd ed. New York: John Wiley and Sons, 1996.

[8] Karlsson H O E, Gun T. Heat transfer in pervaporation. Journal of Membrane Science, 1996, 119 (2): 295-306.

[9] Zhang L Z. Mass diffusion in a hydrophobic membrane humidification/dehumidification process: The effects of membrane characteristics. Separation Science and Technology, 2006, 41: 1565-1582.

[10] Cussler E L. Diffusion-Mass Transfer in Fluid Systems. London: Cambridge University Press, 2000.

[11] Datta A K. Porous media approaches to studying simultaneous heat and mass transfer in food processes. I. Problem formulations. Journal of Food Engineering, 2007, 80 (1): 80-95.

第 4 章　膜式热泵系统集成

4.1　常压吸收式膜式热泵系统[1, 2]

4.1.1　膜式热泵系统介绍

日常生活和工业生产过程中，大量场所需要通过一定的方法获取热流体或将环境温度升高，常见的方法是通过燃烧化石燃料获取高温热能或直接采用电能驱动制冷或制热机组来获取热量。直接使用电能会消耗高品位能源，而燃烧化石燃料则是消耗地球上宝贵的不可再生能源，同时化石燃料燃烧后排出的烟气也将对环境造成一定程度的破坏。因此，很多学者致力于研究开发利用可再生能源或低温工业废热直接驱动的制热系统，从而减少不可再生能源或高品位能源的消耗，实现节能和环保的目的。常见的方式主要有喷射式、吸附式、吸收式等。然而这些方式都存在一定的缺点，例如，喷射式以水作为循环工质时，易造成发生器温度过高，而采用有机物作为工质在有效降低发生温度的同时也降低了循环效率；而吸附式则存在循环效率低、发生器温度高、设备占地面积大等缺点。因此，目前国内外相对成熟，并进行工业化示范运行的制热方案就是采用吸收式循环。

吸收式热泵作为热源机械，以溶液（热媒）和制冷剂（稀释液）为工作介质，并由热能驱动，通过循环实现将热能从一个热源输送到另一个热源的目的，是一种能有效利用可再生能源和低品位热能的装置，具有节能和环保的优点。吸收式热泵可将余热的温度提高到满足用户需求的水平，而其运转所需要的热能可由太阳能或地热能及工业废水和废气余热等廉价能源提供。

常见吸收式热泵的主要构件包括：作为制冷剂液体蒸发场所的蒸发器，作为溶液吸收制冷剂蒸气场所的吸收器，作为制冷剂从溶液脱离场所的发生器，作为制冷剂蒸汽凝结场所的冷凝器。在系统运转时，吸收式热泵的发生器利用热能加热溶液以使溶液浓度提高，吸收器中利用浓溶液吸收来自蒸发器的制冷剂蒸气而生成吸收热来使得溶液温度升高，并以此来加热对象介质。

在传统的吸收式热泵中，制冷剂和溶液都是直接接触的，由于制冷剂和溶液需要直接接触，因此需要进行真空或者高压处理，会造成二次能源浪费，能源效率低，而且制冷剂需要专门配备蒸发器和冷凝器，系统结构复杂、成本高。

膜蒸馏技术是利用高分子膜的固有特性和某些结构上的功能达到蒸馏目的的

技术，是集传统蒸馏方法与膜分离技术于一身的高效分离技术。在进行膜蒸馏循环时，不需要将膜接触器内溶液加热到沸腾状态，只需要在膜两侧营造适当的温差或浓度差即可实现蒸馏，因此膜蒸馏过程的操作温度相比于传统的蒸馏要低得多，自然地，设备运转过程的压力为常压或接近常压，故设备简单、操作方便。虽然膜蒸馏技术主要是用户蒸馏（分离的过程），与热泵系统的核心过程——热媒和稀释液的混合是相反的过程，但是膜蒸馏的传质推动力由膜两侧的蒸气压差产生，如果利用膜两侧的蒸气压差产生的推动力来将稀释液蒸气推动到热媒中，即可有效地利用高分子膜的特性，达到简化设备、提高热效的目的。

以此为思路，第 2 章和第 3 章中设计出了一种常压吸收式热泵系统，如图 4-1 所示，该系统包括热媒循环回路和稀释液回路，其中热媒循环回路包括吸收器、第一换热器和再生器，热媒在吸收器中稀释升温后输出至第一换热器中加热待加热的流体，在第一换热器中被冷却后传送至再生器，在再生器中被蒸发浓缩后传送至吸收器；而稀释液循环回路将稀释液传送至吸收器中以稀释热媒。

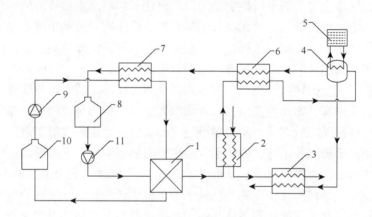

图 4-1　吸收式热泵系统方案 1 示意图

1. 吸收器；2. 第一换热器；3. 第四换热器；4. 再生器；5. 再生加热器；6. 第二换热器；7. 第三换热器；8. 溶液储液槽；9. 水泵；10. 储水槽；11. 溶液泵

常压吸收式热泵与真空吸收式热泵或其他非常压吸收式热泵相比，减少了系统的重量，简化了系统的结构，降低了系统的复杂性和设备制造成本。系统结构紧凑、可扩展性强，能够在狭小的空间使用。

4.1.2　膜式热泵系统的运行原理

（1）图 4-1 所示为该膜式热泵系统的第 1 种设计方案，常压吸收式热泵系统工作时，吸收器中浓度较高的吸湿液吸收来自于另一侧膜流道的水蒸气，浓溶液吸收水蒸气后变成温度高的稀溶液，高温的稀溶液流经第一换热器时与用户需要加热的流体换热。稀溶液换热后需要再生，稀溶液流进再生器被加热后进行再生，在再生器中，利用来自再生加热器的热量对需要再生的稀溶液加热，使稀溶液温度升高至可再生温度从而蒸发水蒸气后变成浓溶液，稀溶液在再生器内蒸发水蒸气而变成浓溶液。再生加热器可以利用太阳能、地热、工业废气（废水）余热、化石燃料或电产生热量，再经过管路将热量传递到再生器中。再生后的溶液还具有一定温度，再生后的溶液流进第二换热器对从第一换热器输出的需要再生的稀溶液进行预加热。再生后的浓溶液流至第三换热器，在第三换热器中被水流冷却后存储至溶液储液槽，再通过溶液泵连接吸收器。如果没有第二换热器，从再生器出来的浓溶液全部需要在第三换热器中被冷却，增加了第三换热器的冷负荷，增加第二换热器，达到了预冷却的目的，从而提高整个系统的热利用效率。储水槽经水泵连接第三换热器后与吸收器相连，水在吸收器的膜接触器内蒸发出水蒸气，水蒸气被另一侧膜流道的溶液吸收，水经过吸收器后回到储水槽；再生器中溶液再生蒸发出来的水蒸气连接第四换热器，第四换热器作为辅助换热器，其利用再生出来的蒸汽辅助加热用户需要加热的流体。

（2）图 4-2 所示为该热泵系统的第 2 种设计方案，与第 1 种设计方案的区别在于：用户需要加热的流体先在第四换热器中加热，然后再流进第一换热器，在第一换热器中再次被加热。

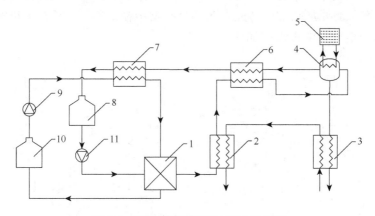

图 4-2　吸收式热泵系统方案 2 示意图

1. 吸收器；2. 第一换热器；3. 第四换热器；4. 再生器；5. 再生加热器；6. 第二换热器；7. 第三换热器；8. 储液槽；9. 水泵；10. 储水槽；11. 溶液泵

（3）图 4-3 所示为该热泵系统的第 3 种设计方案，与第 1 种设计方案的区别在于：第一换热器和第二换热器之间增加第五换热器，第一换热器的溶液出口连接第五换热器的溶液入口，第五换热器的溶液出口连接第二换热器的溶液入口；第四换热器的蒸汽出口连接第五换热器的蒸汽入口。第五换热器同样作为辅助换热器，其作用是进一步利用再生器产生的高温蒸汽，达到充分利用能源的目的。

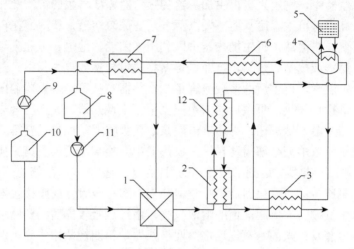

图4-3　吸收式热泵系统方案3示意图

1. 吸收器；2. 第一换热器；3. 第四换热器；4. 再生器；5. 再生加热器；6. 第二换热器；7. 第三换热器；8. 储液槽；9. 水泵；10. 储水槽；11. 溶液泵；12. 第五换热器

（4）图4-4所示为该热泵系统的第4种设计方案，与第3种设计方案的区别在于：用户需要加热的流体先在第四换热器中被加热，然后再流进第一换热器，在第一换热器中再次被加热。

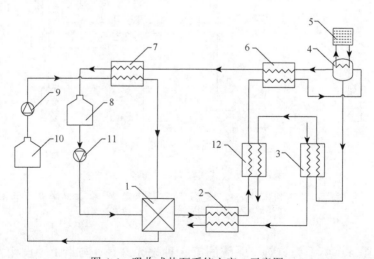

图4-4　吸收式热泵系统方案4示意图

1. 吸收器；2. 第一换热器；3. 第四换热器；4. 再生器；5. 再生加热器；6. 第二换热器；7. 第三换热器；8. 溶液储液槽；9. 水泵；10. 储水槽；11. 溶液泵；12. 第五换热器

　　吸湿液为二甘醇、三甘醇、LiBr 溶液、LiCl 溶液、CaCl$_2$ 溶液中的一种或两种以上的混合液，其一定浓度的溶液平衡水蒸气分压比一定温度下纯水流体表面的水蒸气分压小，这些溶液作为吸水剂具有强烈的吸水性。

　　系统中吸收器 1 可使用第 1 章、第 2 章提到的准逆流平板液液膜接触器或错流中空纤维膜液液接触器。

4.2　膜式常压吸收式热泵和液体除湿系统协同装置[3]

4.2.1　协同装置介绍

　　日常生活和工业生产过程中，大量场所需要获取热流体或将环境温度升高，也有大量场所需要获得干燥空气或把气体湿度调节在一定范围内。人们往往要使用功能单一的热泵和除湿器以满足制热和除湿的需求，购买两套设备才能满足不同的需求，存在成本高、占地面积大的问题，而且容易造成材料和能源上的浪费。如果将两种设备结合为一个多功能的协同装置，无疑会在生活和工业中带来不少方便，并且两种设备有许多能共用的零部件，使用一个协同装置也省去了不少材料，大大降低了成本。此外，在高温高湿的夏季，太阳能充裕，其可作为驱动能源达到空气除湿和制热的目的。然而，在低温低湿的冬季，太阳能相对不足，可使用储液槽中的浓溶液用于膜式热泵系统进行制热，有效解决了冬季大量采暖和太阳能相对不足的矛盾。

　　以此为思路，设计出一种常压膜式热泵和液体除湿系统协同装置，如图 4-5 所示，该装置的特点和优点如下所述。

　　（1）包括吸湿液循环回路、制冷剂循环回路和吸湿液再生回路，同时兼备制热和空气除湿的功能，制热和除湿使用相同的储液槽和溶液泵，整个装置都在常压下运行，不需要压缩机，简化了装置，减少了不必要的零件上的浪费，降低了成本，且具有能源利用率高和环保的优点。

　　（2）能同时实现制热和空气除湿，用户能通过控制吸收式热泵回路和液体除湿回路的电磁阀来获得所需制热量和除湿量，储液槽可作为蓄能装置，吸湿液再生器和预热器可以利用太阳能、地热、工业废气（废水）余热、化石燃料或电产生的热量，能量得到充分利用，并且吸收器能够在常压下工作，系统的运行非常稳定且结构大幅简化。

　　（3）结构紧凑、可扩展性强，能够在狭小的空间使用。

　　（4）储液槽可作为浓溶液蓄能装置，用于冬季制热，有效解决了冬季大量采暖和太阳能相对不足的矛盾。

4.2.2　协同装置的运行原理

（1）图 4-5 所示为该协同装置的第 1 种设计方案，浓溶液从溶液泵流出后，可流进两条支路，分别为吸收式热泵支路和除湿支路，当第一电磁阀打开时，浓溶液流经吸收式热泵支路，浓溶液在第一吸收器中吸收来自于另一侧膜流道的水蒸气，浓溶液吸收水蒸气后变成温度高的稀溶液，膜材里气隙的存在使溶液热量的耗散大大减少，高温的稀溶液流经第一换热器时与待加热流体换热。当第二电磁阀打开时，浓溶液流经除湿支路，浓溶液先在冷却器中被冷却，然后在第二吸收器中吸收另一侧膜流道中空气的水蒸气，空气由第一风机输送，因为溶液温度越低越有利于加强除湿效率，膜材不带气隙，故溶液会耗散较多的热量给空气。第一换热器和第二吸收器流出的稀溶液经三通汇合到同一管道，先流经第二换热器被加热，然后流进第一再生器被加热进行再生，在第一再生器中，利用来自再生加热器的热量对需要再生的稀溶液加热，使稀溶液温度升高至可再生温度，从而蒸发水蒸气后变成浓溶液。再生加热器可以利用太阳能、地热、工业废气（废水）余热、化石燃料或电产生热量，再经过管路将热量传递到第一再生器中将稀溶液加热并再生。再生后的浓溶液还具有一定温度，再生后的浓溶液流经第二换热器对从第一换热器和第二吸收器流出的需再生稀溶液进行加热，再流过第三换热器被水泵输出的水冷却至低温，最后流回储液槽完成一个循环。

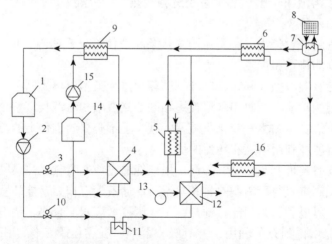

图 4-5　膜式热泵和液体除湿系统协同装置方案 1 示意图

1. 储液槽；2. 溶液泵；3. 第一电磁阀；4. 第一吸收器；5. 第一换热器；6. 第二换热器；7. 第一再生器；8. 再生加热器；9. 第三换热器；10. 第二电磁阀；11. 冷却器；12. 第二吸收器；13. 风机；14. 储水槽；15. 水泵；16. 第四换热器

（2）图 4-6 所示为该热泵系统的第 2 种设计方案，与第 1 种设计方案的区别在于:吸湿液再生回路还包括第二吸湿液再生回路,除湿支路使用单独再生器(第二再生器)来再生吸湿液,第二吸收器流出的稀吸湿液不再与第一换热器流出的稀吸湿液汇合,而是单独依次流经第五换热器、预热器和第二再生器,稀吸湿液在第二再生器中再生后,与第二换热器流出的吸湿液汇合,再流经第三换热器后回到储液槽。第二吸收器流出的稀溶液依次流经第五换热器和预热器被加热升温,然后流进第二再生器中被空气吸收水蒸气而再生为浓溶液,第二再生器中的空气由第二风机进行输送,第二再生器流出的浓溶液流经第五换热器对未再生稀溶液进行加热后,与第二换热器流出的浓溶液汇合流过第三换热器,最后流回储液槽。预热加热器可以利用太阳能、地热、工业废气(废水)余热、化石燃料或电产生热量,再经过管路将热量传递到预热器中对稀溶液进行显热加热。

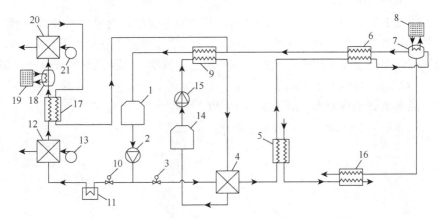

图 4-6　膜式热泵和液体除湿系统协同装置方案 2 示意图

1. 储液槽；2. 溶液泵；3. 第一电磁阀；4. 第一吸收器；5. 第一换热器；6. 第二换热器；7. 第一再生器；8. 再生加热器；9. 第三换热器；10. 第二电磁阀；11. 冷却器；12. 第二吸收器；13. 第一风机；14. 储水槽；15. 水泵；16. 第四换热器；17. 第五换热器；18. 预热器；19. 预热加热器；20. 第二再生器；21. 第二风机

　　协同装置中第一吸收器可使用第 2 章、第 3 章提到的准逆流平板液液膜接触器或错流中空纤维膜液液接触器,而第二吸收器可使用第 5 章到第 8 章中提到的错流平板膜接触器、准逆流平板膜接触器、逆流椭圆中空纤维膜接触器或错流椭圆中空纤维膜接触器。

参 考 文 献

[1]　黄斯珉. 用于空气湿度控制的中空纤维膜接触器、空气除湿系统和空气增湿系统:201410463422.2. 2014-12-10[2017-02-10].

[2]　黄斯珉,杨敏林. 一种常压式吸收器以及吸收式热泵系统:201510440700.7. 2015-10-14[2017-02-10].

[3]　黄斯珉,黄伟豪,杨敏林. 一种常压膜式热泵和液体除湿系统协同装置:201610030357.3. 2016-04-27 [2017-02-10].

第 5 章　错流平板膜流道

5.1　错流平行板式膜流道

近年来，膜式液体除湿技术受到了越来越多的关注[1-5]。液体吸湿剂（盐溶液）和湿空气被膜隔离，该膜只允许热量和水蒸气的传递，而阻止盐溶液液滴被夹带到被处理的空气中[1-5]。

如图 5-1 所示为平行板式膜接触器，这种除湿器结构简单，并且易于制造，是液体除湿器中最具代表性的结构。由图可知，平行板流道是由平板膜分隔而成。湿空气和除湿溶液以错流的形式在相邻的流道内流动，这种流动方式便于流道的密封[5]。除湿溶液吸收透过膜的水蒸气，从而实现空气除湿。在实际工程应用中，需要把除湿流道的噪声和压降控制在可接受的范围内，因此流道往往较短。通常当空气处理量为 150 m³/h 时，流道长度为 10 cm 左右[5, 6]。

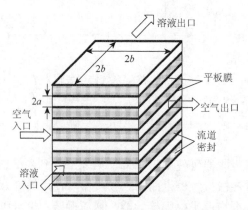

图 5-1　用于液体除湿的平行板式膜流道结构

虽然平行板式膜流道在几何结构上比较简单，然而其热质传递基本数据却无从参考。传统的金属板形成的平行板式流道中的传热问题研究非常充分，流道中的努塞特数可以通过假设等壁温或等热流密度的边界条件计算出来[7-9]。然而，平行板式膜流道内的传递现象更加复杂。研究表明，膜表面的边界条件既不是等壁温的边界条件也不是等热流密度的边界条件[5, 6]，而是由空气和溶液流温湿度相互影响形成的共轭边界条件，类似于空气和溶液两个流体通过膜这个桥梁耦合在一起。在理想的等壁温或等热流密度边界条件下得到的努塞特数等准数不能准确地反映膜式流道中的热质传递现象。本书著者在考虑传热和传质入口发展段影响的情况下对平行板式膜流道液体除湿过程中的共轭传热传质特性进行了研究[5]，却假设流动充分发展以避免求解较复杂的 N-S 方程。经过估算，高度为 2 mm、流速为 1 m/s 的流道，其流动入口段的长度为 5 cm 左右[7-9]。但是前面提到，流道长度为 10 cm，流动发展段流道就占了一半。因此，将整个流道假设为动量边界层已经充分发展将会低估流道内的基本传递参数。本章将研究考虑流动发展段和流道共轭传热传质特性对平行板式膜流道液体除湿过程中的热量和质量传递的影响规律。

5.1.1　错流平行板式膜流道数学模型

1. 流动与传热传质控制方程

在由平行板式膜形成的多通道平行板式膜流道中，如图 5-1 所示，空气流和溶液流以错流的形式流动。由于对称性和为了简化计算，一张平板膜和两个相邻的流道被选为计算对象，如图 5-2 所示。空气沿着 x 轴流动，溶液沿着 y 轴流动，热量和水蒸气可以通过膜进行交换。当水蒸气被溶液吸收时，吸收热（潜热和混合热）释放于溶液侧。

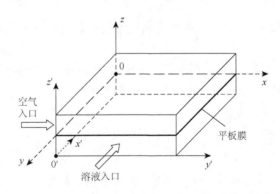

图 5-2　一张平板膜和相邻的两个流道组成的计算单元坐标系

在实际应用中，空气流和溶液流的流动雷诺数通常远小于 2300，因此两种流体都为层流；这两种流体都为牛顿流体，并且具有恒定的热物理性质（密度、导热系数、黏度及比热容）；流道内动量、热量和组分边界层都从入口开始发展。

对于空气流体，其动量、能量和组分守恒方程分别为[7-10]：

质量守恒：

$$\frac{\partial u_a^*}{\partial x^*} + \frac{\partial v_a^*}{\partial y^*} + \frac{\partial w_a^*}{\partial z^*} = 0 \tag{5-1}$$

其中，x、y 和 z 是坐标方向；u、v 和 w 分别是 x 轴、y 轴和 z 轴方向的速度（m/s）；上标"*"表示无量纲形式；下标"a"表示空气流。

动量守恒：

$$u_a^*\frac{\partial u_a^*}{\partial x^*} + v_a^*\frac{\partial u_a^*}{\partial y^*} + w_a^*\frac{\partial u_a^*}{\partial z^*} = -\frac{\partial p_a^*}{\partial x^*} + \left(\frac{\partial^2 u_a^*}{\partial x^{*2}} + \frac{\partial^2 u_a^*}{\partial y^{*2}} + \frac{\partial^2 u_a^*}{\partial z^{*2}}\right) \tag{5-2}$$

$$u_a^*\frac{\partial v_a^*}{\partial x^*} + v_a^*\frac{\partial v_a^*}{\partial y^*} + w_a^*\frac{\partial v_a^*}{\partial z^*} = -\frac{\partial p_a^*}{\partial y^*} + \left(\frac{\partial^2 v_a^*}{\partial x^{*2}} + \frac{\partial^2 v_a^*}{\partial y^{*2}} + \frac{\partial^2 v_a^*}{\partial z^{*2}}\right) \tag{5-3}$$

$$u_a^*\frac{\partial w_a^*}{\partial x^*} + v_a^*\frac{\partial w_a^*}{\partial y^*} + w_a^*\frac{\partial w_a^*}{\partial z^*} = -\frac{\partial p_a^*}{\partial z^*} + \left(\frac{\partial^2 w_a^*}{\partial x^{*2}} + \frac{\partial^2 w_a^*}{\partial y^{*2}} + \frac{\partial^2 w_a^*}{\partial z^{*2}}\right) \tag{5-4}$$

其中，p 是压力（Pa）。

能量守恒：

$$u_a^*\frac{\partial T_a^*}{\partial x^*} + v_a^*\frac{\partial T_a^*}{\partial y^*} + w_a^*\frac{\partial T_a^*}{\partial z^*} = \frac{1}{Pr_a}\left(\frac{\partial^2 T_a^*}{\partial x^{*2}} + \frac{\partial^2 T_a^*}{\partial y^{*2}} + \frac{\partial^2 T_a^*}{\partial z^{*2}}\right) \tag{5-5}$$

组分守恒：

$$u_a^*\frac{\partial \omega_a^*}{\partial x^*} + v_a^*\frac{\partial \omega_a^*}{\partial y^*} + w_a^*\frac{\partial \omega_a^*}{\partial z^*} = \frac{1}{Sc_a}\left(\frac{\partial^2 \omega_a^*}{\partial x^{*2}} + \frac{\partial^2 \omega_a^*}{\partial y^{*2}} + \frac{\partial^2 \omega_a^*}{\partial z^{*2}}\right) \tag{5-6}$$

其中，T^* 和 ω^* 分别是无量纲温度和无量纲湿度；Pr 和 Sc 分别是普朗特数和施密特数。

对于溶液流，动量和能量传递守恒方程与空气流的具有相同形式，所不同的是用 x'、y' 和 z' 代替 x、y 和 z，上标"'"代表溶液侧。

溶液侧的组分守恒方程为：

$$u_s^*\frac{\partial X_s^*}{\partial x'^*} + v_s^*\frac{\partial X_s^*}{\partial y'^*} + w_s^*\frac{\partial X_s^*}{\partial z'^*} = \frac{1}{Sc_s}\left(\frac{\partial^2 X_s^*}{\partial x'^{*2}} + \frac{\partial^2 X_s^*}{\partial y'^{*2}} + \frac{\partial^2 X_s^*}{\partial z'^{*2}}\right) \tag{5-7}$$

其中，下标"s"表示溶液流；X_s^* 是溶液的无量纲质量分数。

无量纲坐标定义为：

$$x^* = \frac{x}{2a}, \quad y^* = \frac{y}{2a}, \quad z^* = \frac{z}{2a} \tag{5-8}$$

其中，a 是流道高度的一半。

三个坐标方向的无量纲速度为：

$$u^* = \frac{\rho u D_h}{\mu}, \quad v^* = \frac{\rho v D_h}{\mu}, \quad w^* = \frac{\rho w D_h}{\mu} \tag{5-9}$$

其中，ρ 是密度（kg/m³）；μ 是动力黏度（Pa·s）；D_h 是流道的当量直径，并由式（5-10）计算：

$$D_h = \frac{4(2a)(2b)}{2(2a+2b)} \tag{5-10}$$

无量纲压力定义为：

$$p^* = \frac{\rho p D_h^2}{\mu^2} \tag{5-11}$$

雷诺数可通过式（5-12）计算：

$$Re = \frac{\rho u_{in} D_h}{\mu} \tag{5-12}$$

其中，u_{in} 是流道入口的平均流速（m/s）。在入口处，空气流和溶液流的入口流速均匀分布，在流道入口处安装了匀流装置以使得两流体速度均匀分布。

流体在流道内的流动特性可以用阻力系数和流动雷诺数的乘积(fRe)来描述。流道内的局部(fRe)$_L$ 可通过进出控制微元体积的压降来计算：

$$(fRe)_L = \left(\frac{-D_h \dfrac{dp}{dx}}{\rho u_{in}^2/2} \right) \left(\frac{\rho D_h u_{in}}{\mu} \right) \tag{5-13}$$

流道平均(fRe)$_m$ 可通过 0 到 x^* 处的局部(fRe)平均得到：

$$(fRe)_m = \frac{1}{x^*} \int_0^{x^*} (fRe)_L \, dx^* \tag{5-14}$$

无量纲温度定义为：

$$T^* = \frac{T - T_{a,in}}{T_{s,in} - T_{a,in}} \tag{5-15}$$

其中，$T_{a,in}$ 是空气的入口温度（K）；$T_{s,in}$ 是溶液的入口温度（K）。

无量纲湿度定义为：

$$\omega^* = \frac{\omega - \omega_{a,in}}{\omega_{s,in} - \omega_{a,in}} \tag{5-16}$$

其中，$\omega_{a,in}$ 是空气的入口湿度（kg/kg）；$\omega_{s,in}$ 是溶液在入口温度（$T_{s,in}$）和质量分数（$X_{s,in}$）下的平衡湿度[11]。计算方法如第 2 章溶液状态方程所示。

溶液的无量纲质量分数定义为：

$$X^* = \frac{X - X_{e,in}}{X_{s,in} - X_{e,in}} \tag{5-17}$$

其中，$X_{s,in}$ 是入口溶液的质量分数（kg 水/kg 溶液）；$X_{e,in}$ 是溶液与空气入口温度（$T_{a,in}$）和湿度（$\omega_{a,in}$）相平衡的质量分数。计算方法如第 2 章溶液状态方程所示。

普朗特数为：

$$Pr = \frac{c_p \mu}{\lambda} \tag{5-18}$$

其中，c_p 是定压比热容 [kJ/(kg·K)]；λ 是导热系数 [W/(m·K)]。

施密特数为：

$$Sc = \frac{\mu}{\rho D_f} \tag{5-19}$$

其中，D_f 是扩散系数，表示 D_{va}（水蒸气在空气中的扩散系数）和 D_{ws}（水蒸气在溶液中的扩散系数）。

在空气和溶液流中，考虑在流道方向上一个控制微元体积中的能量守恒，其局部努塞特数可通过式（5-20）计算[7-10]：

$$Nu_L = -RePr \frac{2a}{D_h \Delta T_{log}^*} \frac{dT_b^*}{dx^*} \tag{5-20}$$

其中，T_b^* 和 T_{log}^* 分别是流道壁面与流体间横截面上无量纲质量平均温度和无量纲对数平均温度。

流道长度方向平均努塞特数：

$$Nu_m = \frac{1}{x^*} \int_0^{x^*} Nu_L dx^* \tag{5-21}$$

同理，在空气流中一个控制体积上的质量平衡具有以下公式：

$$Sh_L = -ReSc \frac{2a}{D_h \Delta \omega_{log}^*} \frac{d\omega_b^*}{dx^*} \tag{5-22}$$

$$Sh_m = \frac{1}{x^*} \int_0^{x^*} Sh_L dx^* \tag{5-23}$$

同时，在溶液流中一个控制体积上的质量平衡满足公式：

$$Sh_L = -ReSc \frac{2a}{D_h \Delta X_{log}^*} \frac{dX_b^*}{dx'^*} \tag{5-24}$$

$$Sh_m = \frac{1}{x'^*} \int_0^{x'^*} Sh_L dx'^* \tag{5-25}$$

2. 边界条件

由于空气和溶液呈错流流动形式，如图 5-2 所示。由图可知，空气流和溶液流的两套坐标系之间的关系为：

$$\begin{cases} y' = x \\ z' = z + 2a \\ x' = 2b - y \end{cases} \tag{5-26}$$

空气流和溶液流的速度边界条件（无滑移边界条件）：

$$u^* = 0, \quad v^* = 0, \quad w^* = 0 \tag{5-27}$$

空气流进口边界：

$$x^* = 0, \quad T_{\mathrm{a}}^* = 0 \tag{5-28}$$

$$x^* = 0, \quad \omega_{\mathrm{a}}^* = 0 \tag{5-29}$$

溶液流进口边界：

$$x'^* = 0, \quad T_{\mathrm{s}}^* = 1 \tag{5-30}$$

$$x'^* = 0, \quad X_{\mathrm{s}}^* = 1 \tag{5-31}$$

空气侧绝热边界：

$$y^* = 0 \text{ 和 } y^* = 2b/(2a), \quad \frac{\partial T_{\mathrm{a}}^*}{\partial y^*} = \frac{\partial \omega_{\mathrm{a}}^*}{\partial y^*} = 0 \tag{5-32}$$

溶液侧绝热边界：

$$y'^* = 0 \text{ 和 } y'^* = 2b/(2a), \quad \frac{\partial T_{\mathrm{s}}^*}{\partial y'^*} = \frac{\partial X_{\mathrm{s}}^*}{\partial y'^*} = 0 \tag{5-33}$$

在膜式液体除湿过程中，当水蒸气接触液体吸湿剂时被溶液吸收，产生相变潜热，释放在溶液和膜的接触面。空气流和溶液流在膜表面的热量平衡控制方程为[12, 13]：

$$\lambda^* \frac{\partial T_{\mathrm{a}}^*}{\partial z^*} \bigg|_{z^*=0} + h_{\mathrm{abs}}^* \frac{\partial \omega_{\mathrm{a}}^*}{\partial z^*} \bigg|_{z^*=0} = \frac{\partial T_{\mathrm{s}}^*}{\partial z'^*} \bigg|_{z'^*=1} \tag{5-34}$$

式中，由于膜的厚度很小（100 μm），膜两侧表面的温度差可忽略不计。其中，无量纲吸收热和无量纲导热系数分别定义为：

$$h_{\mathrm{abs}}^* = \frac{\rho_{\mathrm{a}} D_{\mathrm{va}} h_{\mathrm{abs}}}{\lambda_{\mathrm{s}}} \left(\frac{\omega_{\mathrm{s,in}} - \omega_{\mathrm{a,in}}}{T_{\mathrm{s,in}} - T_{\mathrm{a,in}}} \right) \tag{5-35}$$

$$\lambda^* = \frac{\lambda_{\mathrm{a}}}{\lambda_{\mathrm{s}}} \tag{5-36}$$

空气侧和溶液侧膜表面热流密度为：

$$q_{\mathrm{h}} = -\lambda \frac{\partial T}{\partial z} \bigg|_{z=0,2a} \tag{5-37}$$

空气侧膜表面传质边界条件：

$$z^* = 0 \text{ 和 } z^* = 1, \quad q(x_{\mathrm{G}}^*, y_{\mathrm{G}}^*) = m_{\mathrm{v}} \tag{5-38}$$

溶液侧膜表面湿传递边界条件：

$$z'^* = 0 \text{ 和 } z'^* = 1, \quad q(x_G'^*, y_G'^*) = m_v \tag{5-39}$$

其中，下标"G"表示几何位置。无量纲几何位置定义为：

$$x_G^* = \frac{x}{2b}, \quad y_G^* = \frac{y}{2b}, \quad x_G'^* = \frac{x}{2b}, \quad y_G'^* = \frac{y}{2b} \tag{5-40}$$

其中，m_v 是水蒸气渗透膜的速率［kg/(m²·s)］，由膜的扩散方程决定：

$$m_v = \rho_a D_{vm} \frac{\omega_{m,a} - \omega_{m,s}}{\delta} \tag{5-41}$$

其中，D_{vm} 是水蒸气在膜内的扩散系数（m²/s）；δ 是膜的厚度（m）。其中扩散系数 D_{vm} 是一个非常重要的参数，已在文献[14]中研究过。显然，透过膜的水蒸气量等于由空气侧进入溶液侧的量。空气侧膜表面湿渗透速率为：

$$q_{m,a} = -\rho_a D_{va} \left. \frac{\partial \omega_a}{\partial z} \right|_{z=0,2a} \tag{5-42}$$

溶液侧膜表面湿渗透速率为：

$$q_{m,s} = -\rho_s D_{ws} \left. \frac{\partial X_s}{\partial z'} \right|_{z'=0,2a} \tag{5-43}$$

3. 控制方程数值求解过程

动量、热量和质量传递方程［式（5-1）～式（5-7）］，以及流体流动和共轭传热传质边界条件通过有限控制容积法进行离散和求解。由于这两个流体和膜之间相互耦合，温度、湿度和质量分数之间相互影响，因此需要使用迭代的方法对这些方程进行求解[15-17]。具体的求解过程参考文献[5]和文献[6]。通过这些过程，所有的守恒方程和边界条件可以同时被满足。容易发现，膜表面的温度、湿度和浓度就是膜表面自然形成的共轭边界条件[15-17]。

为保证计算结果的准确性，需要对网格进行独立性检查。结果表明，y-z 横截面取 32×22 个网格，以及 x 轴方向取 32 个网格是足够的。因为增加网格数量为 64×44×64 时，计算结果相差小于 1%。

5.1.2　错流平行板式膜接触器除湿实验研究

本章设计并搭建了一套能实现连续除湿的实验装置，如图 5-3 所示。通过这套装置，可以对平行板式膜流道内的共轭传热传质过程进行研究。该实验装置中有两个平行板式膜接触器，一个用于空气除湿，另一个用于溶液再生。这两个接触器结构一样，前者为除湿器，后者为再生器，如图 5-4 所示。

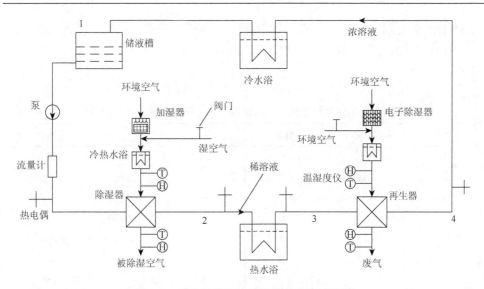

图 5-3 平行板式膜除湿器的实验测试装置

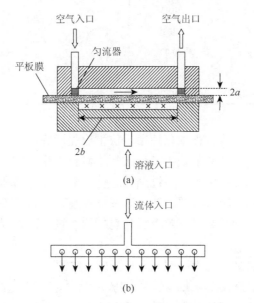

图 5-4 平行板式膜接触器结构示意图

（a）流道横截面，"×"表示溶液流向垂直于纸面；（b）匀流器

如图 5-4（a）所示，平板膜被两块有机玻璃板夹在中间，流道在膜的两侧，结构类似于平行板式换热器。液体吸湿剂（溶液）走下面的矩形流道，空气从上面的矩形流道流过。匀流器安装于流道进出口以保证流体速度分布的均匀性，如图 5-4（b）所示。流道尺寸为：高 $2a=2$ mm，宽 $2b=10$ cm。所使用的平板膜为一

层 PVDF 多孔膜。在膜上下表面均匀涂有一层液体硅胶，对膜进行疏水改性，防止溶液的泄漏。膜本体传输参数、流道结构、流体热物理参数及入口参数列于表 5-1。

表 5-1 膜本体传输参数、流道结构、流体热物理参数及入口参数

符号	单位	数值	符号	单位	数值
$2a$	mm	2	$T_{s,in}$	℃	25.0
$2b$	cm	10	$\omega_{s,in}$	kg/kg	0.0055
D_{vm}	m²/s	3.0×10^{-6}	c_s	kJ/(kg·K)	2.8
D_{va}	m²/s	2.82×10^{-5}	λ_s	W/(m·K)	0.5
D_{ws}	m²/s	3.0×10^{-9}	ν_s	m²/s	4.17×10^{-6}
δ	μm	100	ρ_s	kg/m³	1215
τ	—	3.0	Re_a	—	500
ε	—	0.65	Re_s	—	10
d_p	μm	0.45	Pr_a	—	0.7
$T_{a,in}$	℃	30.0	Pr_s	—	28.36
$\omega_{a,in}$	kg/kg	0.02	Sc_a	—	0.564
$X_{s,in}$	kg/kg	0.65	Sc_s	—	1390
$X_{c,in}$	kg/kg	0.82			

为了简化实验，实验过程中只使用一块平板膜形成两流道的平行板式膜接触器，同时对 $z^*=1$ 和 $z^*=0$ 处的边界条件进行了修正。整个实验装置放置于一个空调房间中，室内空气温湿度可以通过空调进行调节。除湿器和再生器入口空气均使用室内空气。本章采用氯化锂溶液作为液体吸湿剂。如图 5-3 所示，除湿溶液的循环方式为 1—2—3—4—1，整个循环包括四个过程：除湿、溶液加热、再生和溶液冷却。

流道入口处的名义工况为：空气入口温度为 30℃，湿度 0.02 kg/kg；溶液入口温度 25.0℃，质量分数 0.65 kg/kg。在实验过程中，空气流量通过风机变频器进行调节，得到不同的空气流动雷诺数。除湿器的入口和出口空气压降、温度、湿度和体积流量分别通过压差计、K 型热电偶、温湿度仪和转子流量计测量。同时也监测除湿器出口处的除湿溶液的温度和体积流量。除湿溶液进出除湿器的质量分数可利用传统的硝酸银沉淀法测量。在除湿器外表面粘上一层厚 10 mm 的保温棉，以防止热量从除湿器内部耗散到外界空气中。由于除湿器的外壳具有超疏水性，可以忽略水蒸气从内部扩散到外界空气中。采用流进和流出除湿器的热量和质量对其进行热量和质量平衡判定，计算公式为：热量损失百分比=（流进热量−

流出热量）/流进热量；质量损失百分比=（流进质量–流出质量）/流进质量[10]。经过计算，除湿器热量损失率在 2%以下，质量损失率小于 0.4%。本章实验中测量设备的测量误差：压力±0.5 Pa；温度±0.1℃；湿度±2%；体积流量±1.0%。

5.1.3　数学模型实验验证

在不同实验工况下完成实验，用测得的实验数据来验证模拟值。实验测试和数值计算的空气和溶液流进流出流道的压差（Δp_a 和 Δp_s）如图 5-5 所示。由图可知，压降随流速的增加呈线性增加的趋势，溶液压降（Δp_s）的变化比空气压降（Δp_a）的变化更为明显。实验数据和模拟数据很接近，最大偏差的绝对值在 4%以内，这表明本章建立的数学模型能够很好地预测平行板式膜接触器内的流体流动。

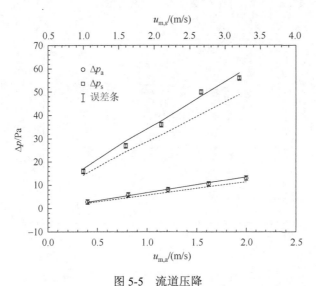

图 5-5　流道压降

实线代表本章计算值，虚线代表参考文献[5]的结果，离散点为测量值

由于实验测试中的除湿器只使用了一张平行板式膜，边界 $z^*=1$ 和 $z^*=0$ 处已修正为绝热边界条件。这个修正只是为了实验验证，验证完之后修改回原来的多流道边界条件。实验测试和数值模拟得到的流体出口温度（$T_{a,out}$、$T_{s,out}$）、空气出口湿度 $\omega_{a,out}$ 及溶液出口质量分数分别如图 5-6 和图 5-7 所示。由图可知，本章建立的数学模型能够很好地预测平行板式膜接触器流道内的热量和质量传递，实验和模拟的偏差在 3.5%以内。值得注意的是，由本数学模型计算得到的出口参数（$T_{a,out}$、$T_{s,out}$、$\omega_{a,out}$ 和 $X_{s,out}$）比参考文献[5]中的结果更大。

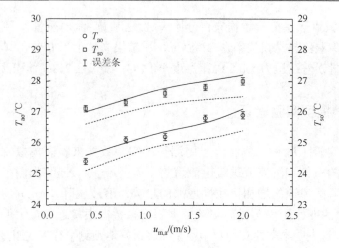

图 5-6　空气和溶液流出口温度

实线代表本章计算值，虚线代表参考文献[5]的结果，离散点为测量值

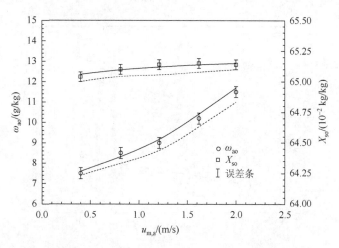

图 5-7　空气流出口湿度和溶液流出口质量分数

实线代表本章计算值，虚线代表参考文献[5]的结果，离散点为测量值

5.1.4　平行板式膜流道内努塞特数分析

由于空气和溶液通过膜紧紧地耦合在一起，膜表面的边界条件既不是恒值（等壁温或等浓度）边界条件也不是等密度（等热流密度或等质量扩散速率）边界条件[5, 6]。很显然，在这两种边界条件下计算得到的努塞特数和舍伍德数对于膜式液体除湿来说是不准确的。本章将通过上述建立的更加合理的传热传质模型计算出更准确的结果。名义参数列于表 5-1。

局部阻力系数和雷诺数的乘积$(fRe)_L$ 随着流道流动方向的变化趋势如图 5-8 所示。由图可知，入口处的$(fRe)_L$ 较大，然后迅速减小并达到一个稳定值，该稳定值表示为$(fRe)_C$。这个时候动量传递边界层已经充分发展。入口发展段的长度约为$x_G^* = 0.35$ （3.5 cm），占整个流道长度（10 cm）的 35%。很明显，在假设流动为充分发展的情况下，阻力数据被低估了。为了进一步说明这个问题，充分发展的$(fRe)_C$ 和平均$(fRe)_m$列于表 5-2 中。由表中数据可知，$(fRe)_m$ 比$(fRe)_C$ 大 15%左右。因此，动量边界层发展段应该充分考虑，也就是说本章建立的模型是必要的和合理的。

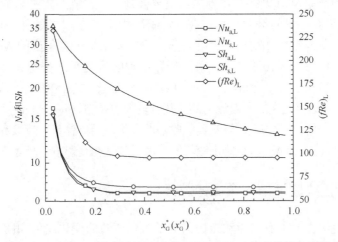

图 5-8　空气流和溶液流轴向方向上的局部$(fRe)_L$、努塞特数和舍伍德数

$T_{a, in}$=30.0℃, $\omega_{a, in}$=0.02 kg/kg, $T_{s, in}$=25.0℃, $X_{s, in}$=0.65 kg/kg, Re_a=500, Re_s=10, b/a=50

表 5-2　充分发展后的 **fRe**、努塞特数和舍伍德数及其流道内的平均值在不同流道长宽比（**b/a**）的值

b/a	$(fRe)_C$	$(fRe)_C$	$(fRe)_m$	Nu_H	Nu_T	$Nu_{C, a}$	$Nu_{C, a}$	$Nu_{m, a}$	$Nu_{C, s}$	$Nu_{C, s}$	$Nu_{m, s}$	$Sh_{C, a}$	$Sh_{C, a}$	$Sh_{m, a}$	$Sh_{m, s}$
来源	文献[7-9]	本章	本章	文献[7-9]	文献[7-9]	文献[5]	本章	本章	文献[5]	本章	本章	文献[5]	本章	本章	本章
1.0	57.0	56.62	66.12	3.61	2.98	3.12	3.37	3.87	3.41	3.64	3.95	3.30	3.52	3.93	8.54
1.43	59.0	58.50	69.44	3.73	3.08	3.23	3.48	3.99	3.64	3.78	4.18	3.41	3.61	4.01	8.75
2.0	62.0	61.81	70.31	4.12	3.39	3.48	3.73	4.25	4.05	4.19	4.59	3.65	3.85	4.25	9.15
3.0	69.0	68.42	78.92	4.79	3.96	4.15	4.39	4.95	4.74	4.88	5.28	4.28	4.48	4.88	10.55
4.0	73.0	72.55	83.05	5.33	4.44	4.61	4.86	5.34	5.35	5.49	5.89	5.11	5.31	5.71	12.29
8.0	82.0	81.76	93.26	6.49	5.60	5.79	6.04	6.58	6.41	6.55	6.95	5.83	6.03	6.43	13.86
50.0	—	92.38	104.88	7.84	7.15	7.54	7.79	8.32	7.91	8.02	8.45	7.74	7.94	8.34	18.08
100.0	—	93.89	107.39	8.09	7.36	7.70	7.95	8.49	8.08	8.22	8.62	7.98	8.18	8.58	18.68
∞	96.0	—	—	8.23	7.54	—	—	—	—	—	—	—	—	—	—

局部努塞特数随着流道流动方向的变化趋势如图 5-8 所示。由于溶液侧产生了吸收热,溶液侧努塞特数比空气努塞特数大。虽然两种流体的努塞特数不同,但是变化的趋势却是相似的。局部努塞特数在流道入口处较大,快速下降并达到下限值,该下限值表示为 Nu_C。在这之后的流体被称为热量边界层充分发展。溶液的热量边界层发展段($x_G^* = 0.3$,即 3 cm)比空气的长($x_G^* = 0.25$,即 2.5 cm)。整个流道有足够的长度(10 cm,即 $x_G^* = x_G'^* = 1.0$)使两种流体都能达到热量边界层充分发展。

在不同高宽比(b/a)的情况下, Nu_C 、 Nu_m 、 Nu_T 和 Nu_H 列于表 5-2 中。其他边界条件下的数据及由文献[5]得到的结果也被列出。传统经典传热学文献中流道在等壁温边界条件下的努塞特数(Nu_T)或等热流密度边界条件下的努塞特数(Nu_H)也列于表 5-2 中。由表 5-2 中的数据可知,本章中计算得到的 $Nu_{C,a}$ 和 $Nu_{C,s}$ 分别比文献[5]中的大 10%左右。本章计算得到的流道平均努塞特数($Nu_{m,a}$ 和 $Nu_{m,s}$)比其对应值($Nu_{C,a}$ 和 $Nu_{C,s}$)大 10%左右,而比文献[5]中的值大 20%左右。这表明入口热量边界层发展段对流道的传热有较大的影响。$Nu_{C,a}$ 在 Nu_T 和 Nu_H 之间,空气侧的 $Nu_{C,a}$ 更接近于 Nu_H 。溶液侧吸收热的产生对两流体努塞特数有重要影响,溶液侧的 $Nu_{C,s}$ 稍大于 Nu_H 。这是由空气和溶液通过膜相互影响、相互耦合导致的。

5.1.5　平行板式膜流道内舍伍德数分析

空气和溶液流沿着各自流动方向的局部舍伍德数的变化趋势如图 5-8 所示。由图可知,对于空气流,舍伍德数的变化趋势和努塞特数的变化趋势相似。在浓度入口发展段,局部舍伍德数从一个极大值急剧减小直至稳定,稳定时的值表示为 Sh_C 。此后的流道可以认为组分边界层已经充分发展。对于溶液流,局部舍伍德数的变化趋势和空气流不同。由于盐溶液(LiCl 溶液)的施密特数较大($Sc_s = 1390$),其浓度边界层发展比空气湿度边界层发展要慢很多,导致溶液侧的舍伍德数远大于空气的舍伍德数。对于 $D_h = 3.92$ mm 及 $2b = 10$ cm 的流道,溶液侧浓度边界层不能充分发展。空气侧充分发展的舍伍德数($Sh_{C,a}$)及空气侧和溶液侧的平均舍伍德数($Sh_{m,a}$ 和 $Sh_{m,s}$)在不同长宽比下的数值列于表 5-2 中。由表可知,本章得到的空气侧 $Sh_{C,a}$ 比文献[5]中的大 8%左右。空气侧的平均舍伍德数($Sh_{m,a}$)比 $Sh_{C,a}$ 大将近 10%。溶液侧的平均舍伍德数($Sh_{m,s}$)约为空气侧 $Sh_{m,a}$ 的 2 倍。空气侧的 $Sh_{C,a}$ 在多数情况下比 $Nu_{C,a}$ 大。

5.2　错流弯曲形变平板膜流道

平板膜接触器被广泛用于空气加湿/除湿[18-21]和空气/液体的全热回收领域[22-26],这是半透膜热量和水蒸气传递的重要应用,也是暖通空调系统的新发展。前者用于空气湿度调节，而后者用于排气的能量回收。与传统直接接触式的加湿/除湿设备（如填料塔或填料床[15, 27]）相比，膜接触器可以避免液体水或液体吸湿剂对空气流的液滴夹带而进入室内空气[18-26]。

如图 5-9（a）所示的平板膜接触器，由多块平板膜堆叠形成流道，空气和液体流在各自的流道内流动。为了流道密封的方便和高效的热质传递，常常采用错流的布置方式[5, 6, 18, 19]。在膜接触器内，制造过程中膜是平行板式膜，然而当流体在流道内流动时，膜可能会发生变形[1, 28, 29]，而且空气流道和液体流道的变化特性是不同的。如图 5-9（b）所示，对于空气流道，上方平板膜由于上面相邻流道的液体流（水/吸湿剂）的压力而向下凹。由于液态水/吸湿剂的不可压缩性和较大的压力，下方平板膜几乎不变[29]。如图 5-9（c）所示，对于液体流道，上方膜和下方膜分别是不变的和下凹的，这与空气流道是相反的。密封条围绕着流道，因此变形的膜可近似为球表面的一部分。如图 5-9（b）和（c）所示，膜的下凹形变程度可由膜表面的最大变形高度进行描述。

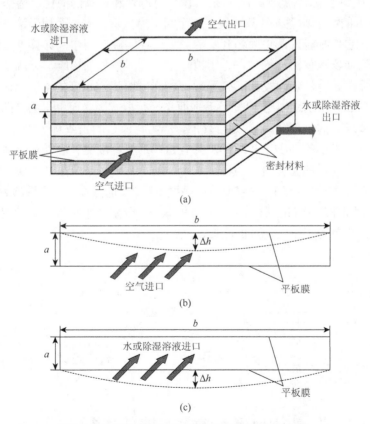

图 5-9　用于空气湿度调节的平板膜接触器结构图

（a）平板膜接触器的结构；（b）空气流道的横截面；（c）溶液流道的横截面

对于应用在空气加湿或除湿的平板膜接触器性能评估和优化而言，了解平板膜流道的基本准则数如阻力系数和热质传递系数是必要的。尽管平板膜流道内的准则数已被研究过，然而这些数据都是在假设膜没有形变的基础上获得的，故不适用于有形变的膜流道。基于此，本章将对有形变膜流道内流体流动和传热进行研究，揭示流道内的流体流动和传热特征，获得不同流体在不同膜流道形变量、不同结构流道内的阻力系数和努塞特数，并对其进行比较和分析。

5.2.1　形变平板膜流道流动与传热数学模型

1. 流动与传热控制方程

如图 5-9（a）所示，膜接触器由许多相同的流道组成，空气和液体（水/LiCl 溶液）以错流的方式流过相邻的流道。由于对称性和计算的简化，选择如图 5-10（b）和（c）的两个典型的计算单元（一个用于空气流，另一个用于液体流）作为计算区域。它们都包含两块膜和其中的流道。在实际应用中，计算单元的入口一般安装流均质器以使流速均匀，为了消除出口边界条件的影响，下流延伸区域也设置在计算单元内，延伸段长度等于 $4b$，相当于膜流道长度的 4 倍。计算单元的坐标系如图 5-10 所示，由图可知，下平面是平行板式膜，而上平面是凹陷膜（可近似为球体表面的一部分）。这是合理的，因为与流道的长或宽（100 mm）相比，变形高度是相当小的（小于 2 mm）。并且这些形变程度比较容易观察并用上述基于平行板式膜流道的实验进行验证[5, 6, 18]。左、右平面是绝热密封条。空气流以均匀速度 u_{in} 和均匀温度 T_{in} 垂直地从前平面（入口）流进流道，然后从后平面（出口）流出。如图 5-10（b）所示，上平面和下平面分别是平行板式膜和凹陷膜。液体流道的计算单元与空气流道的相似。

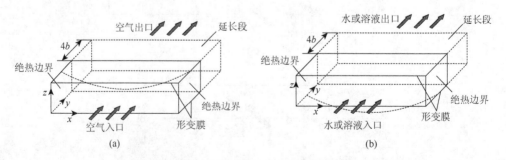

图 5-10　空气和 LiCl 溶液流动方向的平板膜接触器流道计算单元
（a）空气流的计算单元；（b）水或 LiCl 溶液流的计算单元

在实际应用中，由于流动的雷诺数远小于 2000，空气和液体流都是层流和不可压缩的[8]。流体属于恒定热物理性质的牛顿流体，流体属于强迫流动，流道是宏观尺度的，因此体积力和黏性耗散可以忽略。而且，膜表面加上了均匀温度边界条件。本章忽略了质量传递，这是合理的，因为本章主要研究膜的变形高度对流道中阻力系数和努塞特数的影响而不是耦合传热和传质。这样数学模型将更容易建立，计算也更简便，而且结果也适用于金属流道。

基于上述假设，流道中的流体流动可由连续性方程、纳维-斯托克斯方程和能量方程控制。在笛卡儿坐标中，它们的无量纲表达式可描述为[30-35]：

$$\frac{\partial u_i^*}{\partial x_i^*} = 0 \tag{5-44}$$

$$u_i^* \frac{\partial u_j^*}{\partial x_i^*} = -\frac{\partial p^*}{\partial x_i^*} + \frac{\partial^2 u_i^*}{\partial x_j^{*2}} \tag{5-45}$$

$$u_i^* \frac{\partial T^*}{\partial x_i^*} = \frac{1}{Pr} \frac{\partial^2 T^*}{\partial x_i^{*2}} \tag{5-46}$$

其中，上标 "*" 表示无量纲形式；u 是速度（m/s）；p 是压力（Pa）；T 是温度（K）；Pr 是普朗特数。

无量纲坐标定义为：

$$x_i^* = \frac{x_i}{b} \tag{5-47}$$

其中，b 是流道长度或宽度（m）。

无量纲速度定义为：

$$u_i^* = \frac{\rho u_i D_h}{\mu} \tag{5-48}$$

其中，ρ 是密度（kg/m³）；μ 是动力黏度（Pa·s）；D_h 是流道的当量直径（m），可由式（5-49）求得：

$$D_h = \frac{4ba}{2(b+a)} \tag{5-49}$$

其中，a 是流道高度（m）。

无量纲压力定义为：

$$p^* = \frac{\rho p D_h^2}{\mu^2} \tag{5-50}$$

雷诺数由式（5-51）获得：

$$Re = \frac{\rho u_{in} D_h}{\mu} \tag{5-51}$$

其中，u_{in} 是流道入口平均速度（m/s）。

在流道中，流体流动特性一般可由泊肃叶数(fRe)表示，泊肃叶数是阻力系数和雷诺数的乘积，它可由膜流道进出口的压降计算求得。出口是计算区域的出口面而不是延伸区域，计算式可写作[8, 9]：

$$(fRe)_{\mathrm{m}} = \left(\dfrac{D_{\mathrm{h}} \dfrac{p_{\mathrm{in}} - p_{\mathrm{out}}}{b}}{\dfrac{\rho u_{\mathrm{in}}^2}{2}} \right) \left(\dfrac{\rho D_{\mathrm{h}} u_{\mathrm{in}}}{\mu} \right) \tag{5-52}$$

无量纲温度定义为：

$$T^* = \frac{T - T_{\mathrm{wall}}}{T_{\mathrm{in}} - T_{\mathrm{wall}}} \tag{5-53}$$

其中，T_{wall} 是膜表面温度（K）。

普朗特数定义为：

$$Pr = \frac{c_p \mu}{\lambda} \tag{5-54}$$

其中，c_p 是定压比热容 [J/(kg·K)]；λ 是导热系数 [W/(m·K)]。

类似地，考虑到计算区域中膜流道进出口间的能量平衡，努塞特数可由式（5-55）获得[30-35]：

$$Nu_{\mathrm{m}} = RePr \frac{ba}{A_{\mathrm{m}}} \frac{T_{\mathrm{b,out}}^* - T_{\mathrm{b,in}}^*}{\Delta T_{\mathrm{log}}^*} \tag{5-55}$$

其中，A_{m} 是膜的表面积（m²）；下标"b"和"log"分别表示质量平均值和膜表面与流体间的对数平均差。无量纲体积温度和对数平均温差可由式（5-56）和式（5-57）获得：

$$T_{\mathrm{b}}^* = \frac{\iint u^* T^* \mathrm{d}A}{\iint T^* \mathrm{d}A} \tag{5-56}$$

$$\Delta T_{\mathrm{log}}^* = \frac{(T_{\mathrm{wall}}^* - T_{\mathrm{out}}^*) - (T_{\mathrm{wall}}^* - T_{\mathrm{in}}^*)}{\ln \dfrac{T_{\mathrm{wall}}^* - T_{\mathrm{out}}^*}{T_{\mathrm{wall}}^* - T_{\mathrm{in}}^*}} \tag{5-57}$$

2. 边界条件

图 5-10 所示为两个计算单元的坐标系。对于用于空气除湿或加湿的流道，膜表面不是理想的均匀温度条件，也不是均匀热流量条件。然而膜表面的温差和进出口流体的温差相比小得多[18, 34, 35]。而且，本章主要研究变形高度对传递现象的影响。因此，给膜表面加上均匀温度边界条件，膜和壁面的边界条件可以表达为：

$$u_x = u_y = u_z = 0, \quad T_w = 常数 \quad\quad (5\text{-}58)$$

其中，下标"x"、"y"和"z"分别表示 x 轴、y 轴和 z 轴方向；T_w 在计算中设置为 330 K。

绝热平面的边界条件为：

$$u_x = u_y = u_z = 0, \quad \frac{\partial T}{\partial x} = \frac{\partial T}{\partial y} = \frac{\partial T}{\partial z} = 0 \quad\quad (5\text{-}59)$$

入口速度和温度条件为：

$$u_x = 0, \quad u_y = 常数, \quad u_z = 0, \quad T_{in} = 常数 \quad\quad (5\text{-}60)$$

延伸区域出口的速度和温度条件为：

$$\frac{\partial u_x}{\partial y} = \frac{\partial u_y}{\partial y} = \frac{\partial u_z}{\partial y} = \frac{\partial T}{\partial y} = 0 \quad\quad (5\text{-}61)$$

其中，T_{in} 在模拟中设定为 300 K。

3. 数值计算方法

采用六面体网格生成法对如图 5-10 所示的模型进行网格划分，在变形膜面处进行网格加密处理。采用有限容积法对平板膜流道内的流体层流流动和传热守恒方程进行离散和求解。在对压力项进行求解时，使用 SIMPLEC 算法对压力进行修正[36]。为了得到较精确的计算结果，在收敛残差控制上能量方程为 10^{-8}，其余项设置为 10^{-6}。

为保证数值计算结果的准确性，对网格无关性进行了验证。当计算单元的流体为空气时，由不同网格计算得到的流道平均 fRe 和努塞尔数 Nu_m 如表 5-3 所示。从表中数据可知，当网格数为 $100 \times 100 \times 20$ 时，计算得到的结果与其他网格数计算得到的结果相差在 3.0% 以内。由此可知，利用网格数为 $100 \times 100 \times 20$ 进行计算是可行的。

表 5-3　不同网格下空气流过流道的$(fRe)_m$ 和 Nu_m，$b = 100$ mm，$b/a = 40$，$\Delta h = 2.0$ mm，$Re = 400$

方案	网格数	$(fRe)_m$	$e_{(fRe)_m}$ /%	Nu_m	e_{Nu_m} /%
$150 \times 100 \times 10$	150000	483.22	0.94	6.50	1.40
$100 \times 100 \times 20$	200000	484.91	0.59	6.47	0.93
$150 \times 100 \times 20$	300000	487.78	0.00	6.41	0.00
$150 \times 100 \times 30$	450000	488.54	0.16	6.40	0.16
$167 \times 167 \times 20$	557780	488.80	0.21	6.40	0.16

注：$e_{(fRe)_m} = \left| (fRe)_m - [(fRe)_m]_{solution\ 150 \times 100 \times 20} \right| / (fRe)_m$，$e_{Nu_m} = \left| Nu_m - (Nu_m)_{solution\ 150 \times 100 \times 20} \right| / Nu_m$

5.2.2　形变高度对错流平板膜流道的影响分析

对于空气湿度调节或能量回收过程，处理空气是湿空气，水流用于空气加湿，而 LiCl 溶液一般用于空气除湿或能量回收。对于空气流道，在不同形变高度、长宽比和雷诺数下的 $(fRe)_m$ 和 Nu_m 分别如图 5-11 和图 5-12 所示。可见，当形变高度等于 0.0 mm 时意味着没有膜变形，换句话说，流道相当于平行板式膜流道。由图 5-11 可见，形变高度越大，$(fRe)_m$ 越大，这是因为在相同雷诺数下，随形变高度变大，流动扩散导致阻力系数增大，而且，当长宽比在 5～25 时，这一变化相当缓慢，当长宽比大于 25 时，变化较快。Δh=1.6 mm、b/a=40 的 $(fRe)_m$ 是 Δh=0.0 mm、b/a=40 的 $(fRe)_m$ 的 4 倍。由图 5-12 可见，在相同形变高度下，长宽比越小，Nu_m 越大，这是因为流道入口效应的影响较长宽比的影响更大[8, 9]。当长宽比小于或等于 25 时，Nu_m 随着形变高度的增大而增大，这是因为形变高度使空气流的扰动加大了，然而当长宽比大于 25 时，随着形变高度的增大，Nu_m 先增大后减小。对于长宽比大于 25 的流道，流场干扰的影响变小，而流动分布不均的影响变大。膜表面和流体的传热也因此恶化。而且，当形变高度在 1.0～1.5 时，Nu_m 达到最大值。它们由不同长宽比下膜变形和入口效应对动量和热量传递的影响共同决定。

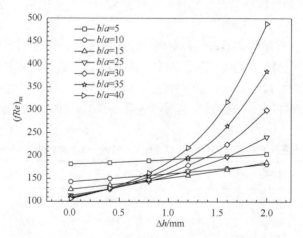

图 5-11　空气流过不同形变高度和长宽比的流道的 $(fRe)_m$

b=100 mm，Re=400

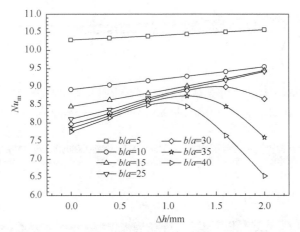

图 5-12　空气流过不同形变高度和长宽比的流道的 Nu_m

$b=100$ mm，$Re=400$

为了进一步说明平板膜流道内形变高度和长宽比对 $(fRe)_m$ 和 Nu_m 的影响，在 0.0 mm、0.8 mm 和 1.6 mm 形变高度下空气流过中间横截面平面的速度和温度等值线分别如图 5-13 和图 5-14 所示，另外，在长宽比为 10、25 和 40 时，速度和温度等值线分别如图 5-15 和图 5-16 所示。值得注意的是，由于对称性所以只画出了横截面的一半。由图 5-13 可见，随着形变高度增大，空气流变得更加不均匀分布，更多空气流过左边相对宽的区域，更少空气流过右边的狭窄区域，而且左边区域的速度是右边区域速度的两倍。空气流被膜变形造成扰动，因此空气流动阻力随着形变高度的增大而变大，换句话说，形变高度越大，$(fRe)_m$ 越大。由图 5-14 可见，温度等值线随着形变高度的增大而更加不均匀。而且，形变高度在 10～25 的较小长宽比时，对空气流动和传热的影响比较小，这分别在图 5-15 和图 5-16 中可见。因此，在长宽比为 10～25 时，Nu_m 随着形变高度的增大而增大。然而当长宽比大于 25 时，形变高度对空气流的传递现象有很大影响。变形流道内空气流动的不均匀导致传热的大幅恶化，因此长宽比大于 25 时，随着形变高度的增大，Nu_m 先增大后减小。

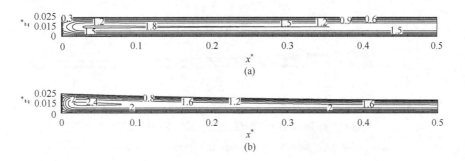

图 5-13　不同形变高度下空气流过中间平板的速度等值线

y=50 mm，Re=400，b/a=40，b=100 mm；（a）Δh=0 mm；（b）Δh=0.8 mm；（c）Δh=1.6 mm

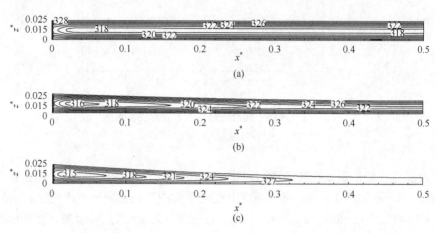

图 5-14　不同形变高度下空气流过中间平板的温度等值线

y=50 mm，Re=400，b/a=40，b=100 mm；（a）Δh=0 mm；（b）Δh=0.8 mm；（c）Δh=1.6 mm

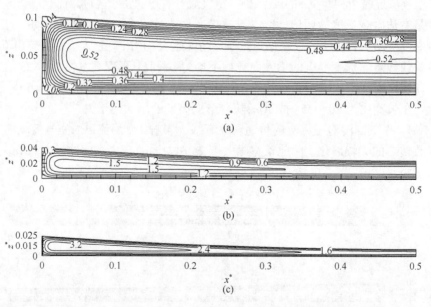

图 5-15　不同长宽比下空气流过中间平板的速度等值线

y=50 mm，b=100 mm，Re=400，Δh=1.6 mm；（a）b/a=10；（b）b/a=25；（c）b/a=40

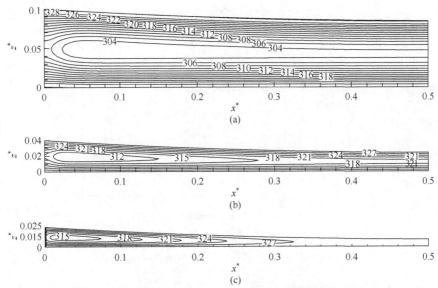

图 5-16　不同长宽比下空气流过中间平板的温度等值线

y=50 mm, b=100 mm, Re=400, Δh=1.6 mm;（a）b/a=10;（b）b/a=25;（c）b/a=40

对于水或 LiCl 溶液的流道，不同变化高度、长宽比和雷诺数下的 $(fRe)_m$ 如图 5-17 所示，水或 LiCl 溶液流过相同流道的 $(fRe)_m$ 是相同的，这是因为 $(fRe)_m$ 与普朗特数是相互独立的。形变高度越大，$(fRe)_m$ 越小，这是因为液体流过下沉的流道，流动阻力随着形变高度的增大而减小。另外，在相同形变高度下，$(fRe)_m$ 随着长宽比的增大而减小。在不同形变高度下水或 LiCl 溶液的 Nu_m 如图 5-18 所示，由于水和 LiCl 溶液的普朗特数不同，它们流过相同流道的 Nu_m 是不同的。另外，相同流道中，LiCl 溶液的 Nu_m 比水的 Nu_m 要大 52%～60%。对于水或 LiCl 溶液的

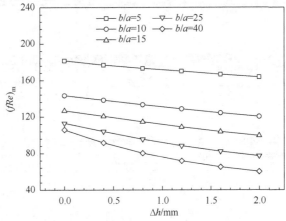

图 5-17　水或 LiCl 溶液流过不同形变高度流道的 $(fRe)_m$

b=100 mm, Re=400

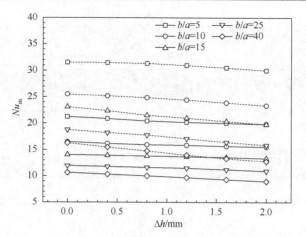

图 5-18　水或 LiCl 溶液流过不同形变高度流道的 Nu_m

b=100 mm，Re=400，实线和虚线分别表示水和 LiCl 溶液

流道，Nu_m 随着形变高度的增大而减小，而且，在相同形变高度下，Nu_m 还随着长宽比的增大而减小。

　　空气、水和 LiCl 溶液流过中间平面的速度和温度分别如图 5-19 和图 5-20 所示。由图 5-19 可见，与空气流道相比，水和 LiCl 溶液流道是不同的，因此它们的传递现象也不同，尽管水和 LiCl 溶液流道的 Nu_m 是不同的，但它们的速度等值线的形状和变化几乎是一样的。由图 5-20 可见，由于流道中不同的速度分布和不同的普朗特数，水和 LiCl 溶液的温度等值线各不相同。温度值是逐点变化的，而且同一点上 LiCl 溶液流道的值要比水流道的值大。因此，水和 LiCl 溶液流道的 Nu_m 有着相同的变化趋势。

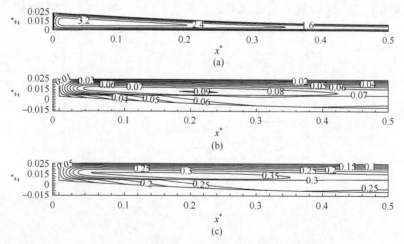

图 5-19　不同流体流过中间平板的速度等值线

y=50 mm，b/a=40，b=100 mm，Re=400，Δh=1.6 mm；（a）空气流道；（b）水流道；（c）LiCl 溶液流道

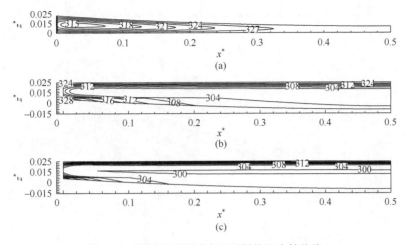

图 5-20　不同流体流过中间平板的温度等值线

y=50 mm，b/a=40，b=100 mm，Re=400，Δh=1.6 mm；（a）空气流道；（b）水流道；（c）LiCl 溶液流道

5.2.3　流体流动雷诺数的影响分析

对于空气流道，不同雷诺数和长宽比的$(fRe)_m$和Nu_m分别如图 5-21 和图 5-22 所示，$(fRe)_m$和Nu_m都随着雷诺数的增大而增大，这意味着空气流道内空气的流动阻力和传热性能都随着雷诺数的增大而上升。对于空气流道的传热，长宽比越小，Nu_m越大。然而对于空气流道的流体流动，相同雷诺数下当长宽比在 15～40 时，$(fRe)_m$随着长宽比的增大而增大，当长宽比小于 15 时，$(fRe)_m$则随着长宽比的增大而减小。这些变化是入口效应和流体流动的综合影响结果。

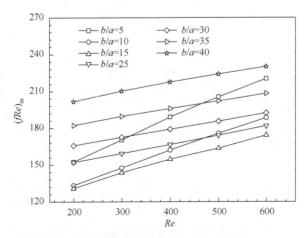

图 5-21　不同雷诺数下空气流过流道的$(fRe)_m$

b=100 mm，Δh=1.2 mm

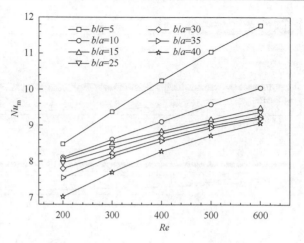

图 5-22　不同雷诺数下空气流过流道的 Nu_m

$b=100$ mm，$\Delta h=1.2$ mm

对于水或 LiCl 溶液流道的流体流动，在不同雷诺数和长宽比下的($fRe)_\mathrm{m}$如图 5-23 所示，在相同流道中水和 LiCl 溶液的($fRe)_\mathrm{m}$是相同的，雷诺数越大，($fRe)_\mathrm{m}$越大。另外，在相同雷诺数下，($fRe)_\mathrm{m}$随着长宽比的增大而减小。对于传热，在不同雷诺数和长宽比下的 Nu_m 如图 5-24 所示，在相同流道和雷诺数下，LiCl 溶液的 Nu_m 要比水的 Nu_m 大 40%～56%，这是因为 LiCl 溶液的入口效应和普朗特数都比水的大。水和 LiCl 溶液的 Nu_m 都随雷诺数的增大而增大，随长宽比的增大而减小。

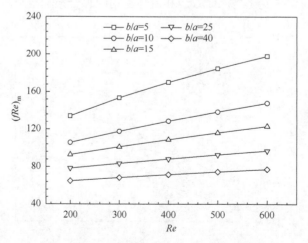

图 5-23　不同雷诺数下水或 LiCl 溶液流过流道的($fRe)_\mathrm{m}$

$b=100$ mm，$\Delta h=1.2$ mm

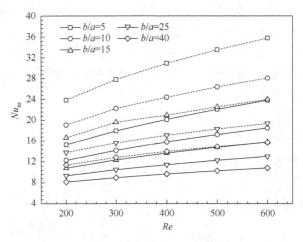

图 5-24　不同雷诺数下水或 LiCl 溶液流过流道的 Nu_m

b=100 mm，Δh=1.2 mm，实线和虚线分别表示水和 LiCl 溶液

5.3　内冷型平板膜流道

平行板式膜接触器是一种用于液体吸湿剂空气除湿的典型除湿器[5, 18, 37-39]。接触器内，平行板式膜流道由膜堆叠而成，相邻的膜保持着等间距以形成流道。空气和溶液在各自的流道内流动，处理空气被溶液除湿，溶液通过膜从空气中吸收水蒸气。在绝热膜式液体吸湿剂除湿器（AMLDD）中，内部溶液由于获得吸收热而被加热，然后由于温度升高导致溶液吸收水蒸气的性能恶化[32, 40-42]。为了提升除湿器的性能，设计出内部冷却的膜式液体除湿器（IMLDD）并用于空气除湿中[43-46]，其中主要有两种形式，即溶液流道内的冷却管[43, 44]和溶液流道相邻的冷却流道[45, 46]。本章集中研究如图 5-25 所示的第二种形式，平行板流道是由膜和塑料板堆叠而成的，处理空气和溶液流被膜隔开并以错流布置的方式流动。水被喷入冷却流道并沿塑料板垂直下降以形成降膜水，它们与溶液流是相邻的，且被塑料板隔开。扫气以平行流动的方式流过降膜水。显然通过塑料板从溶液传递到水中，而水由于吸收溶液和扫气的显热而蒸发了，因此溶液的热量增加被快速带到水和扫气中。

研究 IMLDD 中的传热和传质很重要，它对 IMLDD 的性能分析和结构优化都非常有用，但是直到现在，它的基础传热和传质都未被研究。基于膜的操作，流道中的传热和传质可能与传统的金属流道不同。IMLDD 中壁面边界条件既不是均匀温度（浓度）边界条件也不是均匀热（质）流量边界条件，而是由处理空气、膜、溶液、塑料板、降膜水和扫气间强烈耦合自然形成的边界条件。这是一个与

AMLDD 中情况相似的共轭问题[5, 18, 38, 39]，然而 IMLDD 中的共轭传热传质有几个不同特点：①冷却流道里包含降膜水和扫气流；②不只是膜表面，还有塑料板表面和水与扫气交界面都可能自然形成边界条件；③内部冷却流道可以使液体吸湿剂保持较低的温度和高吸湿性能。本章将研究用于空气除湿内部冷却的膜式液体除湿器的共轭传热和传质。

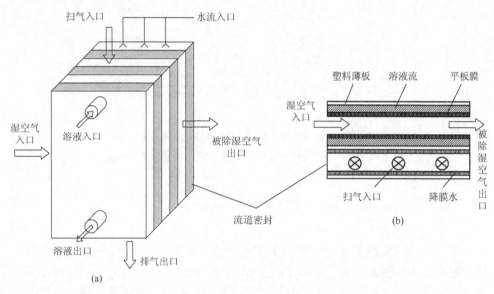

图 5-25　IMLDD 的结构图

（a）立体图；（b）平面图

5.3.1　流动与传热传质数学模型

1. 动量、热量和质量守恒控制方程

如图 5-25 所示，在 IMLDD 内空气和溶液以错流的方式流动，而降膜水和扫气以相互平行的方式流过冷却流道。由于对称性和计算的简化，选择一个包含一半处理空气流道、一块平板膜、一个溶液流道、一块塑料板和一半冷却流道的计算单元作为传热传质模型的计算单元，坐标系如图 5-26 所示。由图可知，湿空气沿 z 轴方向流动，而溶液、降膜水和扫气沿着 x 轴方向流动。膜是隔离空气和溶液的媒介，同时也是相邻流体之间热量和水蒸气高效传输的桥梁。当水蒸气被溶液吸收时，吸收热被释放到溶液和膜的交界面。溶液和降膜水被塑料板隔开，可进行显热交换。降膜水和扫气在冷却流道内流动并进行直接接触式传热传质，水分蒸发的热量由水和扫气的显热提供。

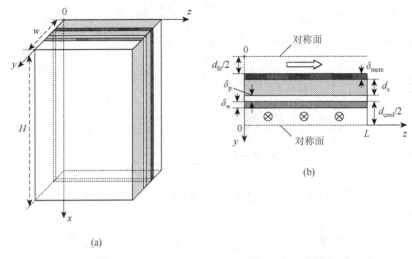

图 5-26　IMLDD 内传热传质模型的计算单元

（a）立体图；（b）平面图

基于以下假设建立传热传质数学模型：

（1）流体为具有恒定热物理性质的牛顿流体。

（2）膜的主要热物理性质（扩散系数、导热系数等）被认为是恒定的。

（3）各流体的流动为层流，因为在实际应用中流体流动雷诺数都小于 2000。

（4）降膜水和扫气的交界面处于热力学平衡态。假设交界面的水流速只由层流降膜流动决定，而扫气被降膜水拖滞，这意味着扫气在交界面的流速等于降膜水的流速[47, 48]。

（5）忽略湿空气的重力，而降膜水则只受重力的影响。

（6）流体被假设为在动量传递上充分发展，而在热量和组分传递上在发展中。

（7）与流体流动方向上的热量和水蒸气传递相比，沿流体主流方向的热量和水蒸气扩散可忽略，这是合理的，因为流体佩克莱数（Pe）远大于 $10^{[6, 49]}$。

湿空气的动量、能量和质量传递的无量纲控制方程为：

$$\frac{\partial^2 u_{fe}^*}{\partial x^{*2}} + \left(\frac{H}{W}\right)^2 \frac{\partial^2 u_{fe}^*}{\partial y^{*2}} = -\frac{H^2}{D_{h,fe}^2} \tag{5-62}$$

$$\frac{\partial^2 T_{fe}^*}{\partial x^{*2}} + \left(\frac{H}{W}\right)^2 \frac{\partial^2 T_{fe}^*}{\partial y^{*2}} = U_{fe} \frac{\partial T_{fe}^*}{\partial z_{h,fe}^*} \tag{5-63}$$

$$\frac{\partial^2 \omega_{fe}^*}{\partial x^{*2}} + \left(\frac{H}{W}\right)^2 \frac{\partial^2 \omega_{fe}^*}{\partial y^{*2}} = U_{fe} \frac{\partial \omega_{fe}^*}{\partial z_{m,fe}^*} \tag{5-64}$$

其中，下标 "fe" 和 "a" 分别表示处理空气和湿空气；上标 "*" 表示无量纲形式；H 和 W 分别是计算单元的高度和宽度（m）；u 是速度（m/s）；ω 是空气湿度（kg/kg）；T 是温度（K）。

溶液的动量、能量和质量传递的无量纲控制方程为：

$$\frac{\partial^2 u_s^*}{\partial y^{*2}} + \left(\frac{W}{L}\right)^2 \frac{\partial^2 u_s^*}{\partial z^{*2}} = -\frac{W^2}{D_{h,s}^2} \tag{5-65}$$

$$\frac{\partial^2 T_s^*}{\partial y^{*2}} + \left(\frac{W}{L}\right)^2 \frac{\partial^2 T_s^*}{\partial z^{*2}} = U_s \frac{\partial T_s^*}{\partial x_{h,s}^*} \tag{5-66}$$

$$\frac{\partial^2 X_s^*}{\partial y^{*2}} + \left(\frac{W}{L}\right)^2 \frac{\partial^2 X_s^*}{\partial z^{*2}} = U_s \frac{X_s^*}{x_{m,s}^*} \tag{5-67}$$

其中，下标"s"表示溶液；L 是计算单元的长度（m）；X_s 是溶液的质量分数（kg 水/kg 溶液）。

水垂直地在冷却流道中的塑料板表面自然流动，形成降膜水。降膜水的动量和能量传递的无量纲控制方程为[47]：

$$\frac{\partial^2 u_w^*}{\partial y^{*2}} + \left(\frac{W}{L}\right)^2 \frac{\partial^2 u_w^*}{\partial z^{*2}} = \frac{W^2}{D_{h,w}^2} \tag{5-68}$$

$$\frac{\partial^2 T_w^*}{\partial y^{*2}} + \left(\frac{W}{L}\right)^2 \frac{\partial^2 T_w^*}{\partial z^{*2}} = U_w \frac{\partial T_w^*}{\partial x_{h,w}^*} \tag{5-69}$$

其中，下标"w"表示降膜水；降膜水的无量纲速度定义为：

$$u_w^* = -\frac{\mu_w u_w}{D_{h,w}^2 \rho_w g} \tag{5-70}$$

其中，g 是重力加速度（m/s²）；ρ 是密度（kg/m³）；μ 是动力黏度（Pa·s）。

扫气的动量、能量和质量传递的无量纲控制方程为：

$$\frac{\partial^2 u_{sw}^*}{\partial y^{*2}} + \left(\frac{W}{L}\right)^2 \frac{\partial^2 u_{sw}^*}{\partial z^{*2}} = -\frac{W^2}{D_{h,sw}^2} \tag{5-71}$$

$$\frac{\partial^2 T_{sw}^*}{\partial y^{*2}} + \left(\frac{W}{L}\right)^2 \frac{\partial^2 T_{sw}^*}{\partial z^{*2}} = U_{sw} \frac{\partial T_{sw}^*}{\partial x_{h,sw}^*} \tag{5-72}$$

$$\frac{\partial^2 \omega_{sw}^*}{\partial y^{*2}} + \left(\frac{W}{L}\right)^2 \frac{\partial^2 \omega_{sw}^*}{\partial z^{*2}} = U_{sw} \frac{\partial \omega_{sw}^*}{\partial x_{m,sw}^*} \tag{5-73}$$

其中，下标"sw"表示扫气。

处理空气、扫气和溶液流的无量纲速度定义为：

$$u^* = -\frac{\mu u}{D_h^2 \dfrac{\mathrm{d}p}{\mathrm{d}z}} \tag{5-74}$$

其中，p 是压力（Pa）；D_h 是当量直径（m），被定义为：

$$D_\mathrm{h} = \frac{4A_\mathrm{c}}{P_\mathrm{wet}} \tag{5-75}$$

其中，A_c 和 P_wet 分别是流道的横截面积（m²）和润湿周长（m）。

无量纲温度定义为：

$$T^* = \frac{T - T_\mathrm{fe,in}}{T_\mathrm{s,in} - T_\mathrm{fe,in}} \tag{5-76}$$

其中，$T_\mathrm{fe,in}$ 是处理空气的入口温度（K）；$T_\mathrm{s,in}$ 是溶液的入口温度（K）。

无量纲湿度定义为：

$$\omega^* = \frac{\omega - \omega_\mathrm{fe,in}}{\omega_\mathrm{s,in} - \omega_\mathrm{fe,in}} \tag{5-77}$$

其中，$\omega_\mathrm{fe,in}$ 是处理空气的入口湿度（kg/kg）；$\omega_\mathrm{s,in}$ 是在溶液入口温度（$T_\mathrm{s,in}$）和质量分数（$X_\mathrm{s,in}$）下的平衡空气湿度[11]。

溶液的无量纲质量分数定义为：

$$X^* = \frac{X - X_\mathrm{e,in}}{X_\mathrm{s,in} - X_\mathrm{e,in}} \tag{5-78}$$

其中，$X_\mathrm{s,in}$ 是溶液的入口质量分数（kg/kg）；$X_\mathrm{e,in}$ 是在处理空气入口温度（$T_\mathrm{fe,in}$）和湿度（$\omega_\mathrm{fe,in}$）下的溶液平衡质量分数[11]。

无量纲坐标定义为：

$$x^* = \frac{x}{H}, \quad y^* = \frac{y}{W}, \quad z_\mathrm{h}^* = \frac{z}{RePrD_\mathrm{h}}, \quad z_\mathrm{m}^* = \frac{z}{ReScD_\mathrm{h}} \tag{5-79}$$

$$y^* = \frac{y}{W}, \quad z^* = \frac{z}{L}, \quad x_\mathrm{h}^* = \frac{x}{RePrD_\mathrm{h}}, \quad x_\mathrm{m}^* = \frac{x}{ReScD_\mathrm{h}} \tag{5-80}$$

其中，Pr 和 Sc 分别是普朗特数和施密特数。

无量纲速度系数（U）定义为：

$$U = \frac{u^*}{u_\mathrm{m}^*} \frac{H^2}{D_\mathrm{h}^2} \text{ 或 } U = \frac{u^*}{u_\mathrm{m}^*} \frac{W^2}{D_\mathrm{h}^2} \tag{5-81}$$

其中，u_m^* 是横截面的平均无量纲速度，定义为：

$$u_\mathrm{m}^* = \frac{\iint u^* \mathrm{d}A}{A_\mathrm{c}} \tag{5-82}$$

流道内流体流动的特性可由阻力系数和雷诺数的乘积来描述，计算式为[6, 49]：

$$fRe = \left(\frac{-D_\mathrm{h} \dfrac{\mathrm{d}p}{\mathrm{d}z}}{\rho u_\mathrm{m}^2 / 2} \right) \left(\frac{\rho D_\mathrm{h} u_\mathrm{m}}{\mu} \right) = \frac{2}{u_\mathrm{m}^*} \tag{5-83}$$

处理空气的局部努塞特数和平均努塞特数可由微元控制体积内的能量平衡计

算，计算式如下[6, 49]：

$$Nu_{\mathrm{L}} = -\frac{1}{4(T_{\mathrm{wall}}^* - T_{\mathrm{b}}^*)}\frac{\mathrm{d}T_{\mathrm{b}}^*}{\mathrm{d}z_{\mathrm{h}}^*} \tag{5-84}$$

$$Nu_{\mathrm{m}} = \frac{1}{z_{\mathrm{h}}^*}\int_0^{z_{\mathrm{h}}^*} Nu_{\mathrm{L}}\mathrm{d}z_{\mathrm{h}}^* \tag{5-85}$$

其中，下标"wall"和"b"分别表示壁面平均（膜或塑料板表面）和流道横截面质量平均。

降膜水、溶液和扫气的局部努塞特数和平均努塞特数可由式（5-86）和式（5-87）计算[6, 49]：

$$Nu_{\mathrm{L}} = -\frac{1}{4(T_{\mathrm{wall}}^* - T_{\mathrm{b}}^*)}\frac{\mathrm{d}T_{\mathrm{b}}^*}{\mathrm{d}x_{\mathrm{h}}^*} \tag{5-86}$$

$$Nu_{\mathrm{m}} = \frac{1}{x_{\mathrm{h}}^*}\int_0^{x_{\mathrm{h}}^*} Nu_{\mathrm{L}}\mathrm{d}x_{\mathrm{h}}^* \tag{5-87}$$

同理，处理空气、溶液和扫气的局部舍伍德数和平均舍伍德数可由微元控制体积内的质量平衡计算[6, 49]，它们的计算形式和努塞特数相同。

2. 边界条件

流道的速度边界条件[6, 47-49]：

所有流道的壁面，

$$u^* = 0 \tag{5-88}$$

水和扫气的交界面，

$$\frac{\partial u_{\mathrm{w}}}{\partial y} = 0, \quad u_{\mathrm{sw}} = u_{\mathrm{w}} \tag{5-89}$$

处理空气的入口条件，

$$z_{\mathrm{h,fe}}^* = 0, \quad T_{\mathrm{fe}}^* = 0 \tag{5-90}$$

$$z_{\mathrm{m,fe}}^* = 0, \quad \omega_{\mathrm{fe}}^* = 0 \tag{5-91}$$

溶液的入口条件，

$$x_{\mathrm{h,s}}^* = 0, \quad T_{\mathrm{s}}^* = 1 \tag{5-92}$$

$$x_{\mathrm{m,s}}^* = 0, \quad X_{\mathrm{s}}^* = 1 \tag{5-93}$$

降膜水的入口条件，

$$x_{\mathrm{h,w}}^* = 0, \quad T_{\mathrm{w}}^* = \frac{T_{\mathrm{w,in}} - T_{\mathrm{fe,in}}}{T_{\mathrm{s,in}} - T_{\mathrm{fe,in}}} \tag{5-94}$$

扫气的入口条件，

$$x_{h,s}^* = 0, \quad T_{sw}^* = \frac{T_{sw,in} - T_{fe,in}}{T_{s,in} - T_{fe,in}} \tag{5-95}$$

$$x_{m,sw}^* = 0, \quad \omega_{sw}^* = \frac{\omega_{sw,in} - \omega_{fe,in}}{\omega_{s,in} - \omega_{fe,in}} \tag{5-96}$$

处理空气的绝热边界条件，

$$\frac{\partial T^*}{\partial x^*} = \frac{\partial \omega^*}{\partial x^*} = 0 \tag{5-97}$$

降膜水、溶液和扫气的绝热边界条件，

$$\frac{\partial T^*}{\partial z^*} = \frac{\partial \omega^*}{\partial z^*} = \frac{\partial X^*}{\partial z^*} = 0 \tag{5-98}$$

由于膜的厚度很小（约 100 μm），所以可以忽略膜厚度方向的温差[12, 13]。当水蒸气被液体吸湿剂吸收时，吸收热被释放到溶液侧的膜表面，因此处理空气和溶液的接触面的无量纲热量平衡方程为：

$$\left.\frac{\partial T_{fe}^*}{\partial y^*}\right|_{y^* = \frac{d_{fe}}{2W}} + H_{abs}^* \left.\frac{\partial \omega_{fe}^*}{\partial y^*}\right|_{y^* = \frac{d_{fe}}{2W}} = \lambda_1^* \left.\frac{\partial T_s^*}{\partial y^*}\right|_{y^* = \frac{d_{fe}}{2W} + \frac{\delta_m}{W}} \tag{5-99}$$

其中，下标"m"表示膜；d 和 δ 分别是距离（m）和厚度（m）。

无量纲吸收热和无量纲导热系数分别定义为：

$$H_{abs}^* = \frac{\rho_a D_{wa} H_{abs}}{\lambda_a}\left(\frac{\omega_{s,in} - \omega_{fe,in}}{T_{s,in} - T_{fe,in}}\right) \tag{5-100}$$

$$\lambda_1^* = \frac{\lambda_s}{\lambda_a} \tag{5-101}$$

其中，H_{abs} 是吸收热（kJ/kg）。

溶液和降膜水之间通过塑料板只有显热的交换，由于塑料板厚度也比较小（400 μm），同样可以忽略塑料板厚度方向的温差（<0.15℃）。塑料板表面的无量纲热量平衡方程为

$$\left.\frac{\partial T_s^*}{\partial y^*}\right|_{y^* = \frac{d_{fe}}{2W} + \frac{\delta_m + d_s}{W}} = \lambda_2^* \left.\frac{\partial T_w^*}{\partial y^*}\right|_{y^* = \frac{d_{fe}}{2W} + \frac{\delta_m + d_s + \delta_p}{W}} \tag{5-102}$$

其中，无量纲导热系数定义为

$$\lambda_2^* = \frac{\lambda_w}{\lambda_s} \tag{5-103}$$

在降膜水和扫气之间的交界面，它们直接进行热量和水蒸气的交换，水和扫气的显热用于水分蒸发。因此交界面的无量纲热量平衡方程为：

$$\frac{\partial T_{sw}^{*}}{\partial y^{*}} + H_{evap}^{*}\frac{\partial \omega_{sw}^{*}}{\partial y^{*}} = \lambda_{3}^{*}\frac{\partial T_{w}^{*}}{\partial y^{*}}, \quad y^{*} = d_{fe}/2W + (\delta_{m}+d_{s}+\delta_{p}+\delta_{w})/W \quad (5\text{-}104)$$

其中，无量纲蒸发热和无量纲导热系数分别定义为：

$$H_{evap}^{*} = \frac{\rho_{a}D_{wa}H_{evap}}{\lambda_{a}}\left(\frac{\omega_{s,in}-\omega_{fe,in}}{T_{s,in}-T_{fe,in}}\right) \quad (5\text{-}105)$$

$$\lambda_{3}^{*} = \frac{\lambda_{w}}{\lambda_{a}} \quad (5\text{-}106)$$

其中，H_{evap} 是蒸发热（kJ/kg）。

膜表面的传质边界条件：

处理空气，

$$m_{v}(x_{G}^{*}, z_{G}^{*}) = -\rho_{a}D_{wa}\frac{\partial \omega_{fe}}{\partial y}\bigg|_{m,fe} \quad (5\text{-}107)$$

溶液，

$$m_{v}(x_{G}^{*}, z_{G}^{*}) = -\rho_{s}D_{ws}\frac{\partial X_{s}}{\partial y}\bigg|_{m,s} \quad (5\text{-}108)$$

其中，下标"m"表示膜表面；D_{wa} 和 D_{ws} 分别是水蒸气在空气和溶液中的扩散系数（m²/s）。

无量纲几何位置定义为：

$$x_{G}^{*} = \frac{x}{H}, \quad z_{G}^{*} = \frac{z}{L} \quad (5\text{-}109)$$

通过膜的水蒸气渗透率（m_{v}）由扩散方程决定：

$$m_{v} = \rho_{a}D_{wm}\frac{\omega_{m,fe}-\omega_{m,s}}{\delta_{m}} \quad (5\text{-}110)$$

其中，D_{wm} 是水蒸气在膜本体的扩散系数（m²/s）。

降膜水和扫气之间交界面的传质条件为：

$$\omega_{sw} = \omega_{w} \quad (5\text{-}111)$$

3. 数值求解分析

用有限容积法对动量、热量和质量传递的无量纲控制方程及无量纲边界条件进行求解。处理空气、溶液、降膜水、扫气、膜和塑料板是紧密关联的，而且温度、湿度和质量分数也互相关联，因此必须使用迭代法求解这些与边界条件关联的方程。数值求解的详细内容已在参考文献[5，18，38]中阐述，这里不再赘述。网格大小独立性测试表明横截面的网格为 42×32 和流动方向的网格为 42 就足够了，它与 62×42×62 的网格相比不到 1.1%的计算差距。

5.3.2　内冷型膜除湿器液体除湿实验研究

建立了如图 5-27 所示的采用内冷型膜式液体除湿器（IMLDD）的连续性液体除湿实验装置。由图可知，有两个循环，一个为水循环，另一个为溶液循环。水循环包括一个储水槽、一个恒温槽、一个水泵和一个 IMLDD，而溶液循环包括一个储液槽、一个溶液泵、一个热水浴、一个 IMLDD、一个绝热型膜接触器（AMLDD）和一个冷水浴。处理空气在左侧入口被风机泵进 IMLDD，处理空气和溶液被膜隔离并以错流的方式流动。水被喷淋进入冷却流道并沿塑料薄板表面垂直向下流动以形成降膜水，它与溶液相邻并且被塑料板隔开。扫气以平行的方式流过降膜水，降膜水离开冷却流道后进入储水槽，而扫气则作为废气排出。很显然，热量通过塑料板从溶液传递到水，水由于吸收水和扫气的显热而蒸发，因此溶液中增加的热量很快就被水和扫气带走。稀释溶液离开 IMLDD 后在热水浴中被加热，然后进入 AMLDD 被再生，浓溶液离开 AMLDD 后在冷水浴中被冷却，最后进入储液槽。

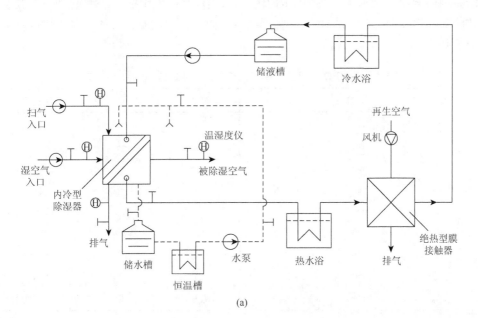

(a)

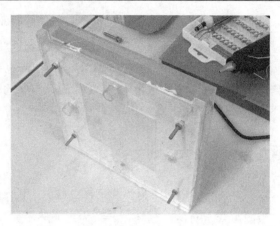

(b)

图 5-27　基于 IMLDD 的除湿测试装置

（a）实验装置示意图；（b）内冷型除湿器实物图

为了简化实验测试和降低实验成本，用于性能测试的 IMLDD 只包括一个处理空气流道、一块膜、一块塑料板和冷却流道。实验中所使用的 IMLDD 如图 5-27（b）所示。匀流器被安装在流道的进出口以保证流动的均匀分布。接触器中使用的膜是涂有致密的液体硅胶薄层的 PVDF（聚偏氟乙烯）多孔膜，实现膜的疏水改性，避免了空气夹带液滴弊端[50]。膜将处理空气和溶液隔离，在各自的流道内流动。该膜只允许热量和水蒸气的交换[40]。膜的测试物理性质列于表 5-4 中，膜的微观结构参数及水蒸气在膜中的扩散系数由以前研究中的方法测定[14]，扩散系数测量的误差为±4.5%[11]。膜接触器结构、流体传递性质和流体入口参数也列于表 5-4 中。

表 5-4　IMLDD 的尺寸、膜传输参数、流体传递参数和入口参数

符号	单位	数值	符号	单位	数值
L	cm	10.0	Re_s	—	10.0
H	cm	10.0	Re_w	—	29.2
W	mm	4.5	Re_{sw}	—	500.0
d_{fe}	mm	2.0	ρ_a	kg/m³	1.1615
d_{cool}	mm	2.0	ρ_s	kg/m³	1215.0
d_s	mm	2.0	ρ_w	kg/m³	1003.0
δ_p	mm	0.4	$T_{fe,\ in}$	℃	30.0
δ_m	μm	100.0	$T_{w,\ in}$	℃	25.0
D_{wm}	m²/s	3.0×10^{-6}	$T_{s,\ in}$	℃	25.0

续表

符号	单位	数值	符号	单位	数值
D_{wa}	m²/s	2.82×10^{-5}	$T_{sw, in}$	℃	30.0
D_{ws}	m²/s	3.0×10^{-9}	$\omega_{fe, in}$	kg/kg	0.02
λ_a	W/(m·K)	0.0263	$\omega_{sw, in}$	kg/kg	0.015
λ_s	W/(m·K)	0.5	$\omega_{s, in}$	kg/kg	0.0055
λ_w	W/(m·K)	0.614	$X_{s, in}$	kg/kg	0.65
Re_{fe}	—	500.0	$X_{e, in}$	kg/kg	0.8215

本章实验测试使用了只有一块膜和一块塑料板的三流道接触器，纯净水和 LiCl 溶液分别被用作冷源和液体吸湿剂。在实验中，其他的辅助热源和冷源分别使用电加热热水浴和冷水浴。实验装置中热量和水蒸气循环需要用 4 个小时来达到平衡，由流体进出膜接触器的参数来计算热量和质量平衡，计算公式为：热量损失比=|（流进热量−流出热量）/流进热量|；质量损失比=|（流进质量−流出质量）/流进质量|。膜除湿器的热量损失低于 5.0%，质量损失低于 1.0%。名义操作条件列于表 5-4 中。空气和液体的流速由连接风机和泵的变频器来调节，以获得不同的流体质量流量。为了获得膜接触器的性能，分别使用 K 型热电偶、温湿度仪（OMEGA，HH314A，USA）和高精度转子流量计（LZB-3，Jiangsu，China）测量流进流出膜接触器的温度、湿度和体积流量。测量结果的不确定性为：体积流量±1.5%；温度±0.1℃；湿度±1.5%。

5.3.3　数学模型实验验证

如实验工作中所述，实验中使用了三流道的平行板式膜接触器作为除湿器。如图 5-26 所示计算单元的对称平面的边界条件被修改为温度和浓度零梯度边界条件，这些修改只用于模型验证，验证完之后修改回原来的对称边界。实验结果用来验证该模型，最好的是可以对膜接触器内部参数（温度、湿度等）进行验证，然而接触器内部的测量难以进行。为了解决这个问题，采用出口参数进行验证。数值计算和实验测试的处理空气的出口温度、溶液出口温度、降膜水出口温度、扫气出口温度、处理空气湿度和扫气湿度如图 5-28 所示。由图可知，该模型计算得到的出口参数基本与实验数据一致，计算数值和实验测试的结果的最大误差[误差=（|计算值−实验值|）/实验值]低于 8.0%。完成模型验证后，接下来将对在表 5-4 所示名义参数下对 IMLDD 传热传质进行数值计算研究。

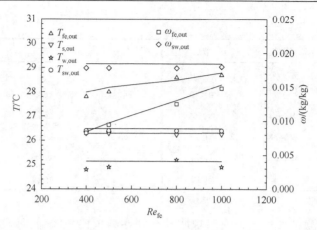

图 5-28　处理空气、溶液流、降膜水和扫气的出口温度及湿度

实线和离散点分别表示数值计算和实验结果

5.3.4　流道内努塞特数和舍伍德数分析

采用该模型计算出流道内真实边界条件下的局部努塞特数和平均努塞特数和舍伍德数，可以发现，局部努塞特数和局部舍伍德数在流道入口迅速减小然后达到稳定的下限值，在这之后，流动被称为热量和浓度边界层充分发展。局部努塞特数和局部舍伍德数的下限值分别记为 Nu_C 和 Sh_C。处理空气、溶液和冷却流道在不同长宽比（H/d_{fe}）下的充分发展 fRe、努塞特数和舍伍德数列于表 5-5 中。另外，表中还列出了来自于参考文献[5]的 AMLDD 在等壁温边界条件或等热流密度边界条件下所获得的值进行比较。处理空气、溶液、降膜水和扫气的热量边界层发展段约为 2.4 cm。处理空气和扫气的浓度边界层发展段（3.0 cm）要比热量边界层发展段大一点。很显然，流道的长度（10.0 cm）足够使它们都达到热量和浓度边界层充分发展。然而盐溶液的施密特数较大（Sc_s=1390），导致溶液的浓度边界层发展得比空气要慢得多，流道长度不足以使溶液在浓度边界层上充分发展，因此只给出了溶液的平均舍伍德数（$Sh_{m,s}$）。由表 5-5 中数据可知，除了 $Sh_{m,s}$，长宽比（H/d_{fe}）越大，处理空气、溶液、降膜水和扫气的充分发展局部努塞特数、处理空气和扫气的充分发展局部舍伍德数都越大，并且 $Nu_{C,w}$、$Nu_{C,sw}$ 和 $Sh_{C,sw}$ 的变化范围相对较小（<0.16），意味着长宽比对冷却流道的影响较小。$Nu_{C,fe}$、$Sh_{C,fe}$ 和 $Nu_{C,s}$ 的值介于等壁温和等热流密度边界条件下处理空气和溶液的充分发展局部努塞特数，并且比 AMLDD 的值要小 2%~3%。$Sh_{C,fe}$ 和 $Sh_{C,sw}$ 分别略大于对应的 $Nu_{C,fe}$ 和 $Nu_{C,sw}$。$Sh_{m,s}$ 随着 H/d_{fe} 的增大而减小，这是因为当 H/d_{fe} 越小时，流道的当量直径越大，浓度边界层的入口效应就越明显，$Sh_{m,s}$ 的值就越大，并且为 $Nu_{C,s}$ 的 1.6~2.6 倍。

表 5-5　不同长宽比下处理空气、溶液和冷却流道的充分发展 *fRe*、努塞特数和舍伍德数
（$L=H$，$d_s=d_{fe}$，$H/d_{cool}=50.0$，$Re_w=29.2$）

H/d_{fe}	fRe	Nu_T	Nu_H	$Nu_{C,fe}$☆	$Nu_{C,fe}$	$Sh_{C,fe}$☆	$Sh_{C,fe}$	$Nu_{C,s}$	$Nu_{C,s}$	$Sh_{m,s}$	$Nu_{C,w}$	$Nu_{C,sw}$	$Sh_{C,sw}$
20.0	89.56	6.72	7.30	7.15	7.02	7.16	7.08	7.33	7.23	18.64	7.64	7.29	7.39
40.0	92.38	7.14	7.71	7.43	7.22	7.60	7.44	7.79	7.64	16.08	7.67	7.34	7.43
50.0	93.05	7.23	7.84	7.51	7.31	7.72	7.53	7.87	7.74	15.18	7.71	7.36	7.46
70.0	93.66	7.32	8.00	7.59	7.40	7.84	7.61	7.97	7.85	13.88	7.73	7.38	7.48
80.0	94.01	7.35	8.04	7.62	7.43	7.88	7.65	8.01	7.89	13.38	7.74	7.42	7.51
100.0	94.42	7.39	8.09	7.67	7.47	7.95	7.68	8.06	7.92	12.63	7.75	7.44	7.55

☆表示来自文献[5]的数据

在冷却流道里，热量和水蒸气在降膜水和扫气的交界面上直接热湿交换。降膜水和扫气在不同长宽比（L/d_{cool}）和降膜水在不同雷诺数下的充分发展 *fRe*、努塞特数和舍伍德数列于表 5-6 中。另外，表中还列出了在等壁温和等热流密度边界条件下的数据以进行比较。由表中数据可知，当 Re_w 固定时，降膜水厚度（δ_w）、$(fRe)_w$、$Nu_{T,w}$ 和 $Nu_{H,w}$ 都不变。$Nu_{T,sw}$、$Nu_{H,sw}$、$Nu_{C,sw}$ 和 $Sh_{C,sw}$ 都随长宽比的增大而增大，但是 $Nu_{C,w}$ 只增大了一点。当长宽比固定时，随着 Re_w 的增大，$(fRe)_w$、$Nu_{T,w}$、$Nu_{H,w}$ 和 $Nu_{C,w}$ 只减小了一点，当 Re_w 从 9.7 增大到 29.2 时，$(fRe)_{sw}$ 仅减小了约 3%，然而 $Nu_{T,sw}$、$Nu_{H,sw}$、$Nu_{C,sw}$ 和 $Sh_{C,sw}$ 随着 Re_w 的增大而增大，这是因为扫气在交界面的流速随着水流速的增加而增加，因此扫气的流动阻力、传热传质阻力减小了。无论 L/d_{cool}、Re_w 和 δ_w 如何改变，$Nu_{C,w}$ 接近于 $Nu_{T,w}$，$Nu_{C,sw}$ 和 $Sh_{C,sw}$ 都接近于 $Nu_{T,sw}$，这是因为塑料板表面和交界面的边界条件都接近等值（等壁温或者等浓度）边界条件。

表 5-6　不同长宽比和降膜水雷诺数下冷却流道内降膜水和扫气的充分发展 *fRe*、努塞特数和舍伍德数
（$H/d_{fe}=50.0$）

L/d_{cool}	Re_w	δ_w/mm	$(fRe)_w$	$Nu_{T,w}$	$Nu_{H,w}$	$Nu_{C,w}$	$(fRe)_{sw}$	$Nu_{T,sw}$	$Nu_{H,sw}$	$Nu_{C,sw}$	$Sh_{C,sw}$
20.0	29.2	0.148	95.87	7.52	8.21	7.68	82.42	6.80	7.56	6.85	6.96
30.0	29.2	0.148	95.87	7.52	8.21	7.69	83.80	7.09	7.81	7.14	7.25
40.0	29.2	0.148	95.87	7.52	8.21	7.70	85.72	7.24	7.96	7.26	7.36
50.0	29.2	0.148	95.87	7.52	8.21	7.71	88.58	7.35	8.07	7.36	7.46
50.0	19.5	0.129	95.88	7.52	8.21	7.73	89.76	7.30	8.02	7.31	7.42
50.0	12.9	0.113	95.90	7.52	8.22	7.75	90.44	7.26	7.97	7.29	7.36
50.0	9.7	0.102	95.91	7.53	8.22	7.76	91.28	7.22	7.92	7.23	7.31

参 考 文 献

[1]　　Larson M D, Simonson C J, Besan R W. The elastic and moisture transfer properties of polyethylene and polypropylene membranes for use in liquid-to-air energy exchangers. Journal of Membrane Science, 2007, 302(1-2): 136-149.

[2]　　Vali A, Simonson C J, Besant R W, et al. Numerical model and effectiveness correlations for a run-around heat recovery system with combined counter and cross flow exchangers. International Journal of Heat and Mass Transfer, 2009, 52: 5827-5840.

[3]　　Li J L, Ito A. Dehumidification and humidification of air by surface-soaked liquid membrane module with triethylene glycol. Journal of Membrane Science, 2008, 325 (2): 1007-1012.

[4]　　Mahmud K, Mahmood G I, Simonson C J, et al. Performance testing of a counter-cross-flow run-around membrane energy exchanger (RAMEE) system for HVAC applications. Energy and Buildings, 2010, 42 (7): 1139-1147.

[5]　　Huang S M, Zhang L Z, Tang K, et al. Fluid flow and heat mass transfer in membrane parallel-plates channels used for liquid desiccant air dehumidification. International Journal of Heat and Mass Transfer, 2012, 55: 2571-2580.

[6]　　Zhang L Z. Heat and mass transfer in a cross-flow membrane-based enthalpy exchanger under naturally formed boundary conditions. International Journal of Heat and Mass Transfer, 2007, 50 (1-2): 151-162.

[7]　　Kays W M, Crawford M E. Convective Heat and Mass Transfer. 3rd Edition. New York: McGraw-Hill, 1990.

[8]　　Shah R K, London A L. Laminar Flow Forced Convection in Ducts. New York: Academic Press Inc, 1978.

[9]　　Incropera F P, Dewitt D P. Introduction to Heat Transfer. 3rd ed. New York: John Wiley & Sons, 1996.

[10]　Zhang L Z, Liang C H, Pei L X. Conjugate heat and mass transfer in membrane-formed channels in all entry regions. International Journal of Heat and Mass Transfer, 2010, 53 (5-6): 815-824.

[11]　Patil K R, Tripathi A D, Pathak G, et al. Thermodynamic properties of aqueous electrolyte solutions. 1. Vapor pressure of aqueous solutions of LiCl, LiBr, and LiI. Journal of Chemical and Engineering Data Data, 1990, 35: 166-168.

[12]　Favre E. Temperature polarization in pervaporation. Desalination, 2003, 154 (2): 129-138.

[13]　Niu J L, Zhang L Z. Membrane-based enthalpy exchanger: Material considerations and clarification of moisture resistance. Journal of Membrane Science, 2001, 189 (2): 179-191.

[14]　Zhang X R, Zhang L Z, Liu H M, et al. One-step fabrication and analysis of an asymmetric cellulose acetate membrane for heat and moisture recovery. Journal of Membrane Science, 2011, 366: 158-165.

[15]　Liu X H, Jiang Y, Qu K Y. Heat and mass transfer model of cross-flow liquid desiccant air dehumidifier/regenerator. Energy Conversion and Management, 2007, 48: 546-554.

[16]　Huang S M, Zhang L Z, Tang K, et al. Turbulent heat and mass transfer across a hollow fiber membrane module in liquid desiccant air dehumidification. Journal of Heat Transfer-Transactions of the ASME, 2012, 134: 082001-1-10.

[17]　Ge T S, Dai Y J, Wang R Z. Experimental comparison and analysis on silica gel and polymer coated fin-tube heat exchangers. Energy, 2010, 35: 2893-2900.

[18]　Huang S M, Zhang L Z, Yang M. Conjugate heat and mass transfer in membrane parallel-plates ducts for liquid desiccant air dehumidification: Effects of the developing entrances. Journal of Membrane Science, 2013, 437: 82-89.

[19] Zhang L Z, Liang C H, Pei L X. Heat and moisture transfer in application-scale parallel-plates enthalpy exchangers with novel membrane materials. Journal of Membrane Science, 2008, 325（2）: 672-682.

[20] Abdel-Salam A H, Ge G, Simonson C J. Performance analysis of a membrane liquid desiccant air-conditioning system. Energy and Buildings, 2013, 62: 559-569.

[21] Abdel-Salam A H, Ge G, Simonson C J. Thermo-economic performance of a solar membrane liquid desiccant air conditioning system. Solar Energy, 2014, 102: 56-73.

[22] Ge G, Moghaddam D G, Namvar R, et al. Analytical model based performance evaluation, sizing and coupling flow optimization of liquid desiccant run-around membrane energy exchanger systems. Energy and Buildings, 2013, 62: 248-257.

[23] Seyed-Ahmadi M, Erb B, Simonson C J, et al. Transient behavior of run-around heat and moisture exchanger system. Part I: Model formulation and verification. International Journal of Heat and Mass Transfer, 2009, 52: 6000-6011.

[24] Ge G, Abdel-Salam M R H, Besant R W, et al. Research and applications of liquid-to-air membrane energy exchangers in building HVAC systems at university of Saskatchewan: A review. Renewable and Sustainable Energy Reviews, 2013, 26: 464-479.

[25] Abdel-Salam M R H, Fauchoux M, Ge G, et al. Expected energy and economic benefits, and environmental impacts for liquid-to-air membrane energy exchangers（LAMEEs）in HVAC systems: A review. Applied Energy, 2014, 127: 202-218.

[26] Abdel-Salam M R H, Ge G, Fauchoux M, et al. State-of-the-art in liquid-to-air membrane energy exchangers（LAMEEs）: A comprehensive review. Renewable and Sustainable Energy Reviews, 2014, 39: 700-728.

[27] Liu X H, Jiang Y, Qu K Y. Analytical solution of combined heat and mass transfer performance in a cross-flow packed bed liquid desiccant air dehumidifier. International Journal of Heat and Mass Transfer, 2008, 51（17）: 4563-4572.

[28] Ge G, Mahmood G I, Moghaddam D G, et al. Material properties and measurements for semi-permeable membranes used in energy exchangers. Journal of Membrane Science, 2014, 453: 328-336.

[29] Abdel-Salam M R H, Besant R W, Simonson C J. Sensitivity of the performance of a flat-plate liquid-to-air membrane energy exchanger（LAMEE）to the air and solution channel widths and flow maldistribution. International Journal of Heat and Mass Transfer, 2015, 84: 1082-1100.

[30] Zhang L Z. Heat and mass transfer in a quasi-counter flow membrane-based total heat exchanger. International Journal of Heat and Mass Transfer, 2010, 53（23-24）: 5478-5486.

[31] Han H, He Y L, Tao W Q. A numerical study of the deposition characteristics of sulfuric acid vapor on heat exchanger surfaces. Chemical Engineering Science, 2013, 101: 620-630.

[32] Zhang L Z. An analytical solution to heat and mass transfer in hollow fiber membrane contactors for liquid desiccant air dehumidification. Journal of Heat Transfer-Transactions of the ASME, 2011, 133: 092001.

[33] Zhang L Z. Coupled heat and mass transfer in an application-scale cross-flow hollow fiber membrane module for air humidification. International Journal of Heat and Mass Transfer, 2012, 55（21-22）: 5861-5869.

[34] Huang S M, Yang M, Zhong W F, et al. Conjugate transport phenomena in a counter flow hollow fiber membrane tube bank: Effects of the fiber-to-fiber interactions. Journal of Membrane Science, 2013, 442: 8-17.

[35] Huang S M, Yang M. Longitudinal fluid flow and heat transfer between an elliptical hollow fiber membrane tube bank used for air humidification. Applied Energy, 2013, 112: 75-82.

[36] Antonopoulos K A. Heat transfer in tube banks under conditions of turbulent inclined flow. International Journal of Heat and Mass Transfer, 1985, 28 (9): 1645-1656.

[37] Das R S, Jain S. Performance characteristics of cross-flow membrane contactors for liquid desiccant systems. Applied Energy, 2015, 141: 1-11.

[38] Huang S M, Yang M, Yang X. Performance analysis of a quasi-counter flow parallel-plate membrane contactor used for liquid desiccant air dehumidification. Applied Thermal Engineering, 2014, 63 (1): 323-332.

[39] Yang M, Huang S M, Yang X. Experimental investigations of a quasi-counter flow parallel-plate membrane contactor used for air humidification. Energy and Buildings, 2014, 80: 640-644.

[40] Huang S M, Zhang L Z. Researches and trends in membrane-based liquid desiccant air dehumidification. Renewable and Sustainable Energy Reviews, 2013, 28: 425-440.

[41] Woods J. Membrane processes for heating, ventilation, and air conditioning. Renewable and Sustainable Energy Reviews, 2014, 33: 290-304.

[42] Zhang L Z. Progress on heat and moisture recovery with membranes: From fundamentals to engineering applications. Energy Conversion and Management, 2012, 63: 173-195.

[43] Isetti C, Nannei E, Orlandini B. Three-fluid membrane contactors for improving the energy efficiency of refrigeration and air-handling systems. International Journal of Ambient Energy, 2013, 34: 181-194.

[44] Abdel-Salam M R H, Besant R W, Simonson C J. Design and testing of a novel 3 fluid liquid to air membrane energy exchanger (3 fluid LAMEE). International Journal of Heat and Mass Transfer, 2013, 92: 312-329.

[45] Kozubal E, Woods J, Burch J, et al. Desiccant enhanced evaporative air-conditioning (DEVap): Evaluation of a new concept in ultra efficient air conditioning. National Renewable Energy Laboratory, 2011. TP-5500-49722.

[46] Woods J, Kozubal E. A desiccant-enhanced evaporative air conditioner: Numerical model and experiments. Energy Conversion and Management, 2013, 65: 208-220.

[47] Ali A, Vafai K, Khaled A R A. Analysis of heat and mass transfer between air and falling film in a cross flow configuration. International Journal of Heat and Mass Transfer, 2004, 47 (4): 743-755.

[48] Chang H C, Demekhin E A. Complex Wave Dynamics on Thin Films. Elsevier Press, 2002.

[49] Zhang L Z. Heat and mass transfer in plate-fin enthalpy exchangers with different plate and fin materials. International Journal of Heat Mass Transfer, 2009, 52 (11): 2704-2713.

[50] Li B, Sirkar K K. Novel membrane and device for vacuum membrane distillation-based desalination process. Journal of Membrane Science, 2005, 257 (1): 60-75.

第 6 章　准逆流平板膜流道

6.1　侧进侧出准逆流平板膜流道

在平行板式膜接触器中，多层平板膜平行地堆叠到一起形成流道。为方便流道的密封，一般采用错流布置的方式，使空气和液体在流道内相邻流道内错流流动[1-5]。为了提高流道的性能，一种准逆流平行板换热器被 Vali 等[6]首次提出并用于显热换热器。基于这个思路，如图 6-1 所示为准逆流平行板式膜接触器被提出来并广泛用于湿空气的能量回收[7-10]，并且这种膜接触器已经和其他单元体集成到 HVAC 系统中[11-13]。如图 6-1 所示，这种接触器由多个侧进侧出的平行板式膜流道（QCPMC）组成。空气和液体（除湿液/水）流过的流道的结构和尺寸是完全相同的，换句话说，空气和液体都是从流道的右边入口流进，从左边出口流出。很显然，这种流动形式类似于逆流和错流的组合，在流道内呈"S"形流线，在中间段存在一部分逆流流动，所以也被称为准逆流。

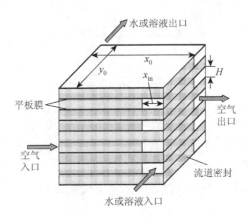

图 6-1　用于空气湿度调节的准逆流平板膜接触器示意图

在空气湿度调节的实际应用中，准逆流平行板式膜接触器性能的分析和评估是非常重要的。要对 QCPMC 进行性能研究，必须获得流道内的阻力系数和传热传质系数。QCPMC 中的传递基本数据曾被简单地近似为平直矩形流道内的数据，这些数据已经被充分地研究过了[4-8, 14, 15]。然而，由于流道结构不同，这些数据并不适用于 QCPMC，并且对于具有不同普朗特数（Pr）的各种流体的传递数据也无从参考。因此，本章对 QCPMC 的流体流动和传热过程进行研究，并且揭示结构尺寸和流体性质对传递现象的影响规律。

6.1.1　侧进侧出膜流道流动与传热数学模型

1. 动量与热量守恒控制方程

如图 6-1 所示，如上所述的膜接触器，是由许多相同的单元（QCPMC）组成，空气和液体在相邻的流道中流过膜接触器。为了简化计算，由于流道的对称性，选择包含一块膜和一半流道的计算单元作为计算区域。计算单元的坐标系如图 6-2 所示，由图可知，上下平面分别是对称的中间平面和平板膜，流体（空气、水或除湿液）以均匀的速度 u_{in} 和均匀的温度 T_{in} 从右边角落（入口处）流进流道，然后从左边斜对面角落（出口处）流出。如图 6-1 所示，无论是入口还是出口都有相同的长度 x_{in}，并且小于流道的长度（x_0）。

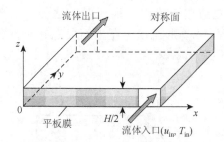

图 6-2　QCPMC 计算单元的坐标系

在空气湿度调节的实际应用中，流体流动雷诺数远小于 2000，空气和液体流均为层流，并且都是牛顿流体，具有恒定的热物理性质（密度、导热系数、黏度和比热容），并且膜表面假设为等壁温边界条件。

对于流体流动，动量和热量传递的无量纲控制方程如下[16, 17]：

质量守恒为：

$$\frac{\partial u^*}{x^*} + \frac{\partial v^*}{\partial y^*} + \frac{\partial \omega^*}{\partial z^*} = 0 \tag{6-1}$$

其中，x、y 和 z 分别是 x 轴、y 轴和 z 轴方向；u、v 和 ω 分别是 x 轴、y 轴和 z 轴方向上的速度；上标"*"表示无量纲形式。

三个坐标轴方向的动量守恒为：

$$u^*\frac{\partial u^*}{\partial x^*}+v^*\frac{\partial u^*}{\partial y^*}+\omega^*\frac{\partial u^*}{\partial z^*}=-\frac{\partial p^*}{\partial x^*}+\left(\frac{\partial^2 u^*}{\partial x^{*2}}+\frac{\partial^2 u^*}{\partial y^{*2}}+\frac{\partial^2 u^*}{\partial z^{*2}}\right) \tag{6-2}$$

$$u^*\frac{\partial v^*}{\partial x^*}+v^*\frac{\partial v^*}{\partial y^*}+\omega^*\frac{\partial v^*}{\partial z^*}=-\frac{\partial p^*}{\partial y^*}+\left(\frac{\partial^2 v^*}{\partial x^{*2}}+\frac{\partial^2 v^*}{\partial y^{*2}}+\frac{\partial^2 v^*}{\partial z^{*2}}\right) \tag{6-3}$$

$$u^*\frac{\partial \omega^*}{\partial x^*}+v^*\frac{\partial \omega^*}{\partial y^*}+\omega^*\frac{\partial \omega^*}{\partial z^*}=-\frac{\partial p^*}{\partial z^*}+\left(\frac{\partial^2 \omega^*}{\partial x^{*2}}+\frac{\partial^2 \omega^*}{\partial y^{*2}}+\frac{\partial^2 \omega^*}{\partial z^{*2}}\right) \tag{6-4}$$

其中，p 是压力（Pa）。

热量守恒为：

$$u^*\frac{\partial T^*}{\partial x^*}+v^*\frac{\partial T^*}{\partial y^*}+\omega^*\frac{\partial T^*}{\partial z^*}=\frac{1}{Pr}\left(\frac{\partial^2 T^*}{\partial x^{*2}}+\frac{\partial^2 T^*}{\partial y^{*2}}+\frac{\partial^2 T^*}{\partial z^{*2}}\right) \tag{6-5}$$

无量纲坐标定义为：

$$x^*=\frac{x}{x_0},\quad y^*=\frac{y}{x_0},\quad z^*=\frac{z}{x_0} \tag{6-6}$$

其中，x_0 是流道长度（m）。

无量纲速度定义为：

$$u^*=\frac{\rho u D_h}{\mu},\quad v^*=\frac{\rho v D_h}{\mu},\quad \omega^*=\frac{\rho \omega D_h}{\mu} \tag{6-7}$$

其中，ρ 是密度（kg/m³）；μ 是动力黏度（Pa·s）；D_h 是流道的当量直径，可由式（6-8）获得：

$$D_h=\frac{4x_0 H}{2(x_0+H)} \tag{6-8}$$

其中，H 是流道高度（m）。

无量纲压力定义为：

$$p^*=\frac{\rho p D_h^2}{\mu^2} \tag{6-9}$$

雷诺数定义为：

$$Re=\frac{\rho u_{in} D_h}{\mu} \tag{6-10}$$

其中，u_{in} 是流道入口的平均流速（m/s）。

整个流道的平均阻力系数和传热系数对于动量和热量传递的性能研究是非常必要的。流道中流体的流动特征通常由阻力系数和雷诺数的乘积(fRe)描述，而流道的平均(fRe)$_m$可由流道入口和出口的压降来计算，计算公式为：

$$(fRe)_{\mathrm{m}} = \left(\frac{D_{\mathrm{h}} \dfrac{p_{\mathrm{in}} - p_{\mathrm{out}}}{y_0}}{\dfrac{\rho u_{\mathrm{in}}^2}{2}} \right) \left(\frac{\rho D_{\mathrm{h}} u_{\mathrm{in}}}{\mu} \right) \tag{6-11}$$

无量纲温度定义为：

$$T^* = \frac{T - T_{\mathrm{w}}}{T_{\mathrm{in}} - T_{\mathrm{w}}} \tag{6-12}$$

普朗特数定义为：

$$Pr = \frac{c_p \mu}{\lambda} \tag{6-13}$$

其中，c_p 是定压比热容 [J/(kg·K)]；λ 是导热系数 [W/(m·K)]。

对于流道内流体的流动，平均传热系数是热量平衡分析的基本数据，因此要使用平均努塞特数。考虑到流道进出口之间的热量守恒，平均努塞特数可由式（6-14）求得[1, 17-19]：

$$Nu_{\mathrm{m}} = RePr \frac{x_{\mathrm{in}} H}{x_0 y_0} \frac{T_{\mathrm{b,out}}^* - T_{\mathrm{b,in}}^*}{\Delta T_{\mathrm{log}}^*} \tag{6-14}$$

其中，下标"b"和"log"分别表示质量平均和对数平均温差；无量纲质量平均温度和对数平均温差可以分别由式（6-15）和式（6-16）求得：

$$T_{\mathrm{b}}^* = \frac{\iint u^* T^* \mathrm{d}A}{\iint T^* \mathrm{d}A} \tag{6-15}$$

$$\Delta T_{\mathrm{log}}^* = \frac{(T_{\mathrm{w}}^* - T_{\mathrm{out}}^*) - (T_{\mathrm{w}}^* - T_{\mathrm{in}}^*)}{\ln \dfrac{T_{\mathrm{w}}^* - T_{\mathrm{out}}^*}{T_{\mathrm{w}}^* - T_{\mathrm{in}}^*}} \tag{6-16}$$

其中，A 是面积（m^2）。

2. 边界条件

如图 6-2 所示为计算单元坐标系，计算单元包含一块膜和一半的相邻流道。流体从侧面入口流进和从侧面出口流出。用于空气除湿或加湿的膜流道，它的膜表面边界条件既不是理想的等壁温，也不是理想的等热流密度边界条件，然而膜表面的温度差与进出口流体的温度差相比，膜表面的温度差是比较小的[20]。因此，膜表面可以近似认为是等壁温边界条件（T_{w}=常数），如下式所示：

$$0 \leqslant x^* \leqslant 1, \quad 0 \leqslant y^* \leqslant \frac{x_0}{y_0}, \quad z^* = 0 \text{时}, \quad T^* = 0 \tag{6-17}$$

壁面速度边界条件（无滑移），流道内所有壁面：

$$u_x^* = 0, \quad u_y^* = 0, \quad u_z^* = 0 \tag{6-18}$$

入口速度和温度边界条件:

$$y^* = 0, \quad \left(1 - \frac{x_{in}}{x_0}\right) \leqslant x^* \leqslant 1, \quad 0 \leqslant z^* \leqslant \frac{H}{2x_0} \text{时}, \quad u_x = u_z = 0, \quad u_y = u_{in}, \quad T^* = 1 \tag{6-19}$$

出口速度和温度边界条件:

$$y^* = \frac{y_0}{x_0}, \quad 0 \leqslant x^* \leqslant \frac{x_{in}}{x_0}, \quad 0 \leqslant z^* \leqslant \frac{H}{2x_0} \text{时}, \quad \frac{\partial u_y}{\partial y^*} = \frac{\partial u_y}{\partial y^*} = \frac{\partial u_z}{\partial y^*} = \frac{\partial T^*}{\partial y^*} = 0 \tag{6-20}$$

中间平面的对称边界条件:

$$0 \leqslant x^* \leqslant 1, \quad 0 \leqslant y^* \leqslant \frac{y_0}{x_0}, \quad z^* = \frac{H}{2x_0} \text{时}, \quad \frac{\partial u_y}{\partial z^*} = \frac{\partial u_y}{\partial z^*} = \frac{\partial u_z}{\partial z^*} = \frac{\partial T^*}{\partial z^*} = 0 \tag{6-21}$$

侧壁(流道密封条)的绝热边界条件:

$$x^* = 0 \text{和} x^* = 1 \text{时}, \quad \frac{\partial T^*}{\partial x^*} = 0 \tag{6-22}$$

$$y^* = 0, \quad 0 \leqslant x^* \leqslant \left(1 - \frac{x_{in}}{x_0}\right) \text{和} y^* = \frac{y_0}{x_0}, \quad \frac{x_{in}}{x_0} \leqslant x^* \leqslant 1 \text{时}, \quad \frac{\partial T^*}{\partial y^*} = 0 \tag{6-23}$$

3. 数值求解过程

采用有限容积法对 QCPMC 内层流流动和传热的微分控制方程进行数值求解[21]。如图 6-2 所示的计算单元实际上是一个有侧面入口和侧面出口的六面体,因此在计算区域内生成六面体网格。速度和压力由动量方程耦合,使用 SIMPLEC 算法进行压力的修正迭代计算[22]。采用二阶迎风格式进行离散。收敛标准是流体流动方程和能量方程残差分别小于 10^{-7} 和 10^{-8}。

为了保证数值计算结果的准确性,对网格大小的影响进行数值检验。分析表明,x-y 平面上为 52×52、y 轴方向为 41 的网格精确度就已经足够了,它与 $102 \times 102 \times 82$ 的网格相比不到 0.8% 的差距,最终的数值计算误差为 0.8%。

6.1.2　数学模型数值验证

为了验证所建立的流动与传热数学模型及其求解过程的准确性,采用本章模型和计算方法获得的空气在矩形流道内的 $(fRe)_m$ 和 Nu_m,以及参考文献中 $(x_{in}=x_0=y_0=0.1\ m, Re=500)$ 的 $(fRe)_m$ 和 Nu_m 列于表 6-1 中。由表中数据可知,本章方法所获得的 $(fRe)_m$ 和 Nu_m 与参考文献的数据相当接近,最大偏差低于 1.2%,这表明采用本章方法获得的基本数据与经典文献值相当一致。

表 6-1　本章和文献中获得的空气流过矩形流道的$(fRe)_m$和Nu_m

x_0/H	$(fRe)_m$			Nu_m		
	本章	文献[14]和[15]	误差/%	本章	文献[14]和[15]	误差/%
1.0	327.51	327.14	0.11	15.64	15.77	0.82
2.0	269.91	269.09	0.30	13.48	13.40	0.60
4.0	210.43	210.83	0.19	11.37	11.31	0.53
10.0	150.18	150.56	0.25	9.26	9.35	0.96
20.0	123.10	123.66	0.45	8.36	8.32	0.48
40.0	109.08	109.44	0.33	7.84	7.75	1.16

6.1.3　流道内阻力系数和努塞特数分析

　　$(fRe)_m$ 和 Nu_m 分别是 QCPMC 中压降计算和热量平衡分析的必要数据。水在不同入口比（x_{in}/x_0）和雷诺数（Re）下流过 QCPMC 的$(fRe)_m$ 和 Nu_m 如表 6-2 所示，由表中数据可知，Re 越大，$(fRe)_m$ 和 Nu_m 都越大；当 Re 小于 100 时，x_{in}/x_0 在 0.1～0.9 范围内增大，$(fRe)_m$ 和 Nu_m 都随之增大，而且，矩形流道的$(fRe)_m$ 和 Nu_m 分别是 QCPMC 的 1.05～2.07 倍和 1.01～1.40 倍。当 Re 等于或大于 100 时，Nu_m 随着 x_{in}/x_0 在 0.1～0.9 范围内上升而增大，并且 x_{in}/x_0=1.0 的 Nu_m 要比 x_{in}/x_0=0.9 的 Nu_m 要小 0.55%～7.96%，然而，随着 x_{in}/x_0 在 0.1～0.9 范围内上升，$(fRe)_m$ 先增大后减小，并且当 x_{in}/x_0=0.5 时$(fRe)_m$ 达到最大值。另外，矩形流道的$(fRe)_m$ 小于 QCPMC 的最大值，大于 QCPMC 的最小值。

表 6-2　不同入口比和雷诺数下水流过 QCPMC 的$(fRe)_m$ 和 Nu_m

$[x_0=y_0=0.1 \text{ m}, H=0.005 \text{ m}(x_0/H=20)]$

$x_{in}/x_0\downarrow$	$(fRe)_m$	Nu_m	$(fRe)_m$	Nu_m	$(fRe)_m$	Nu_m	$(fRe)_m$	Nu_m	$(fRe)_m$	Nu_m	$(fRe)_m$	Nu_m
$Re\rightarrow$	50		100		200		300		400		500	
0.1	45.01	5.78	51.46	6.14	64.94	6.20	78.47	6.25	91.53	6.43	105.33	6.61
0.2	58.02	6.16	68.05	6.64	83.57	6.88	98.96	7.01	114.69	7.05	130.36	7.26
0.3	71.02	6.48	79.28	6.95	96.25	7.35	113.67	7.57	131.11	7.84	148.05	8.18
0.4	76.37	6.78	84.75	7.35	101.95	7.99	119.24	8.51	136.22	9.02	152.36	9.57
0.5	81.72	7.08	90.22	7.74	107.65	8.62	124.81	9.44	141.33	10.19	156.66	10.95
0.6	83.61	7.28	91.46	7.96	107.05	8.93	122.87	9.78	136.87	10.55	149.24	11.32
0.7	85.49	7.47	92.69	8.18	106.45	9.23	118.92	10.11	130.41	10.91	141.82	11.65
0.8	87.23	7.75	93.16	8.62	104.17	9.95	114.23	11.07	123.71	12.07	133.09	13.56
0.9	88.96	8.03	93.63	9.02	101.88	10.66	109.54	12.02	117.01	13.22	124.35	14.31
1.0	93.35	8.09	96.92	8.97	103.99	10.38	110.87	11.49	117.59	12.39	124.17	13.17

不同流体在不同长宽比（x_0/H）下流过 QCPMC 的 $(fRe)_m$ 和 Nu_m 如表 6-3 所示。对于空气湿度调节过程，湿空气是被处理气体，水用于空气的加湿，LiCl 溶液则用于空气的除湿，因此需获得这三种流体的 $(fRe)_m$ 和 Nu_m。从表 6-3 中可见，三种流体流过 QCPMC 的 $(fRe)_m$ 都随着 x_0/H 的增大而减小，而且，$x_0/H=1.0$ 时，$(fRe)_m$ 是 $x_0/H=100.0$ 时的 11.98 倍。空气、水和 LiCl 溶液的 $(fRe)_m$ 几乎相同，仅存在极小的数值偏差，只是因为 $(fRe)_m$ 的值与普朗特数（Pr）无关。对于流过 QCPMC 的空气，它的 Nu_m 随着 x_0/H 的增大先减小后增大，而且当 $x_0/H=16.0$ 时，Nu_m 达到最小值。然而，对于流过 QCPMC 的水和 LiCl 溶液，它们的 Nu_m 随着 x_0/H 的增大一直减小，当 x_0/H 相同时，LiCl 溶液的 Nu_m 比水的 Nu_m 大 35.12%~69.54%，而且水的 Nu_m 比空气的 Nu_m 大 13.89%~168.25%。

表 6-3 不同长宽比下不同流体流过 QCPMC 的 $(fRe)_m$ 和 Nu_m

（$x_0=y_0=0.1$ m，$x_{in}/x_0=0.2$，$Re=500$）

$x_0/H\downarrow$	$(fRe)_m$	Nu_m	$(fRe)_m$	Nu_m	$(fRe)_m$	Nu_m
流体→	空气（$Pr=0.71$）		水（$Pr=7.1$）		LiCl 溶液（$Pr=28.36$）	
1.0	819.22	9.04	819.06	24.25	819.05	40.76
2.0	581.49	7.67	581.37	19.65	581.36	36.09
4.0	381.82	6.01	381.78	14.04	381.88	26.17
10.0	203.04	4.44	202.97	8.91	203.02	14.68
16.0	149.01	4.34	149.05	7.36	148.99	13.77
20.0	130.32	4.44	130.36	7.26	130.26	13.56
50.0	83.84	5.48	83.92	6.99	83.94	10.02
100.0	68.57	6.12	68.52	6.97	68.56	9.44

6.2 六边形准逆流平板膜流道

如前所述，为了实现空气湿度调节，设计出了平行板式膜接触器[1-3]。这种板式膜接触器的流道是由一系列的平板膜堆叠而成，空气和液体流被膜隔开，在相邻的流道中以错流的形式流动[1-3]。根据传热学原理，流动在以逆流的方式布置时，能得到更高的传热传质效率。但是由于不方便隔离空气流和液体流，纯逆流布置很难实施。因此，如图 6-3 所示，设计了一种六边形平行板式膜接触器并且可以用于进行空气湿度调节。由图可知，这种接触器由多个六边形平行板式膜流道（HPMC）组成。空气和液体以逆流和错流相结合的方式在相邻的流道内流动。本章将建立 HPMC 中的流动与传热数学模型，揭示出流道高度（$2H$）和流体种类（空气、水或除湿液）对传热传质的影响规律。

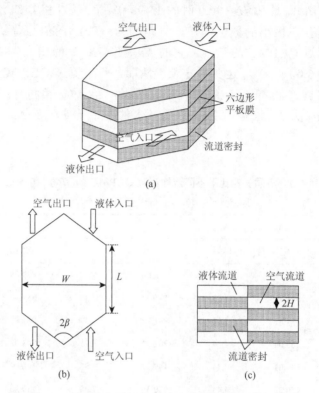

图 6-3　用于空气除湿的六边形平板膜接触器示意图

（a）立体图；（b）俯视图；（c）侧视图

6.2.1　六边形准逆流膜流道流动与传热数学模型

1. 流动与传热控制方程

如图 6-3 所示，这种膜接触器由一些相同的流道组成，空气和液体流（水/除湿液）在相邻的流道中流动。水和 LiCl 溶液分别用于空气加湿和空气除湿。由于膜接触器的对称性和为了计算的简化，选择包含一块平板膜和一半流道的计算单元作为计算区域。该计算单元的坐标系如图 6-4 所示，由图可知，上下平面分别是对称的中间平面和平板膜。流体（空气、水或除湿液）以均匀的速度 u_{in} 和均匀的温度 T_{in} 从右边流进流道，然后从对面流出，入口速度（u_{in}）沿

着 y 轴方向，没有 x 轴方向的分速度，这种速度分布是由安装在入口的匀流器实现的。如图 6-3（b）所示，接触器内流道的长度（L）和宽度（W）是固定的，都是 10 cm，顶角（2β）固定在 90°，而流道高度（H）是可变的，进而建立物理模型。

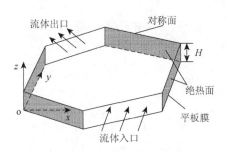

图 6-4　六边形平板膜流道的计算单元

在实际应用中，由于流体流动雷诺数远小于 2000，空气和液体流均为层流和不可压缩的牛顿流体，具有恒定的热物理性质；忽略重力和黏性耗散，假设膜表面是不可渗透的，重点研究流道结构和流体性质对流道中流体流动和传热的影响。另外，膜表面假设为等壁温边界条件。因为与流道的进出口温差相比，膜表面的温差要小很多[1-3]。此外，该物理模型和基础数据也适用于六边形平行板式金属流道。

流道内流体流动可以由连续性方程、N-S 方程和能量方程描述，在笛卡儿坐标系中，它们的无量纲表达式如下所示[18-20]：

$$\frac{\partial u_i^*}{\partial x_i^*}=0 \tag{6-24}$$

$$u_i^*\frac{\partial u_j^*}{\partial x_i^*}=-\frac{\partial p^*}{\partial x_i^*}+\frac{\partial^2 u_i^*}{\partial x_i^{*2}} \tag{6-25}$$

$$u_i^*\frac{\partial T^*}{\partial x_i^*}=\frac{1}{Pr}\frac{\partial^2 T^*}{\partial x_i^{*2}} \tag{6-26}$$

其中，上标"*"表示无量纲形式；u 是速度（m/s）；p 是压力（Pa）；T 是温度（K）；Pr 是普朗特数。

无量纲坐标系定义为：

$$x_i^*=\frac{x_i}{L} \tag{6-27}$$

其中，L 是流道长度（m）。

无量纲速度定义为：

$$u_i^* = \frac{\rho u_i D_h}{\mu} \tag{6-28}$$

其中，ρ 是密度（kg/m³）；μ 是动力黏度（Pa·s）；D_h 是流道的当量直径，可由式（6-29）获得：

$$D_h = \frac{4(2HW/2\sin\beta)}{2(2H + W/2\sin\beta)} \tag{6-29}$$

其中，W 是流道宽度（m）。

无量纲压力定义为：

$$p^* = \frac{\rho p D_h^2}{\mu^2} \tag{6-30}$$

雷诺数定义为：

$$Re = \frac{\rho u_{in} D_h}{\mu} \tag{6-31}$$

其中，u_{in} 是流过流道入口截面的平均速度（m/s）。

流道的平均阻力系数由式（6-32）获得[14, 15]：

$$f_m = \frac{-D_h \Delta p}{\Delta L \rho u_{in}^2 / 2} \tag{6-32}$$

其中，Δp 是流道入口和出口的压差(Pa)；ΔL 是流道入口和出口间的垂直距离(m)。

无量纲压力定义为：

$$T^* = \frac{T - T_w}{T_{in} - T_w} \tag{6-33}$$

其中，T_w 是膜表面温度（K）。

$$Pr = \frac{c_p \mu}{\lambda} \tag{6-34}$$

其中，c_p 是定压比热容 [J/(kg·K)]；λ 是导热系数 [W/(m·K)]。

考虑到流道入口和出口之间的能量平衡，平均努塞特数由式（6-35）获得[18-20, 26]：

$$Nu_m = RePr \frac{HW}{2A_m \sin\beta} \frac{T_{b,out}^* - T_{b,in}^*}{\Delta T_{log}^*} \tag{6-35}$$

其中，A_m 是膜的表面积（m²）；下标 "b"、"log" 分别表示质量平均和对数平均温差，无量纲对数平均温差由式（6-36）计算求得：

$$\Delta T_{log}^* = \frac{(T_w^* - T_{out}^*) - (T_w^* - T_{in}^*)}{\ln \frac{T_w^* - T_{out}^*}{T_w^* - T_{in}^*}} \tag{6-36}$$

膜表面的边界条件：

$$u_x = u_y = u_z = 0, \quad T_w = 常数 \tag{6-37}$$

其中，下标 "x"、"y" 和 "z" 分别表示 x 轴、y 轴和 z 轴方向。计算中 T_w 设定为 350 K。

绝热面、入口和出口的边界条件如图 6-5 所示。由图可知，在模拟中 T_{in} 设定为 300 K；n 表示垂直方向。

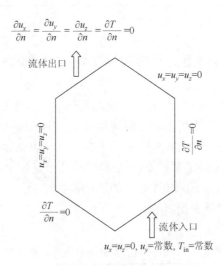

图 6-5　边界条件

2. 数值计算方法

采用有限容积法对平板膜流道内层流流动和传热的控制方程进行数值求解[22]，在计算区域内生成六面体网格，并在膜表面附近进行网格细化。速度和压力由动量方程（N-S 方程）耦合，使用 SIMPLEC 算法进行压力修正[22]。采用二阶迎风格式进行离散，流体流动方程和能量方程的收敛标准为残差分别小于 10^{-7} 和 10^{-8}。

同样的计算方法已经在矩形流道中得到了数值验证，在本章中不再赘述。为了保证数值计算结果的准确性，对网格大小的影响进行数值检验。H=3.5 mm、W=10 cm、L=10 cm、Re=129.59 的计算单元内空气流在不同网格下的平均阻力系数和平均努塞特数如表 6-4 所示。a 和 b 分别是 x 轴方向和 y 轴方向的节点距离，N 是网格数，容易发现，101×101×29 的网格是完全足够的，与其他的网格相比不到 3% 的计算偏差，因此在下面的计算中使用 101×101×29 的网格。

表 6-4　比较不同网格的 f_m 和 Nu_m 的偏差

求解	a/mm	b/mm	N	f_m	e_1	Nu_m	e_2
1	0.125	0.4	656936	0.138	1.16%	8.09	1.11%
2	0.125	0.5	416444	0.136	0.00%	8.00	0.00%
3	0.125	0.6	288428	0.134	1.94%	7.95	0.63%
4	0.100	0.5	520555	0.138	1.18%	8.05	0.62%
5	0.200	0.5	267714	0.133	2.89%	7.90	1.27%

注：$e_1 = \left| f_m - (f_m)_{求解2} \right| / f_m$，$e_2 = \left| Nu_m - (Nu_m)_{求解2} \right| / Nu_m$

6.2.2　流道结构参数对阻力系数和努塞特数的影响分析

对于空气湿度调节过程，湿空气是被处理空气，水流用于空气加湿，LiCl 溶液用于空气除湿。不同流体在不同流道高度（$2H$）的 HPMC 内流动的平均阻力系数（f_m）和雷诺数（Re）如表 6-5 所示。由表可知，当 $2H$ 相同时，f_m 随 Re 的增大而减小；当 Re 和 $2H$ 恒定时，不同流体的 f_m 几乎是相等的。换言之，当 Re 相同时，相同流道内空气、水和 LiCl 溶液的流动特性几乎是一样的。对于相同流体，Re 相同时，f_m 随 $2H$ 的增大而减小。

表 6-5　不同流道高度和雷诺数下计算所得的 f_m

Re	$2H$=2 mm f_m			$2H$=4 mm f_m			$2H$=7 mm f_m		
	空气	水	除湿液	空气	水	除湿液	空气	水	除湿液
150	0.3840	0.3840	0.3840	0.3689	0.3689	0.3689	0.3503	0.3503	0.3503
350	0.1696	0.1696	0.1696	0.1642	0.1641	0.1641	0.1548	0.1546	0.1546
550	0.1105	0.1105	0.1105	0.1066	0.1066	0.1067	0.1015	0.1015	0.1015
750	0.0823	0.0824	0.0824	0.0796	0.0797	0.0797	0.0766	0.0766	0.0766
950	0.0657	0.0657	0.0657	0.0641	0.0641	0.0641	0.0618	0.0616	0.0616
1150	0.0548	0.0547	0.0547	0.0540	0.0539	0.0539	0.0516	0.0515	0.0514

为了进一步说明这些变化规律，在相同流道高度（$2H$）和不同雷诺数（Re）下空气流的对称平面速度矢量如图 6-6 所示。由图可知，Re 越低，流道内的空气流分布越均匀。换言之，Re 越大，区域 A 内越容易生成漩涡。在相同雷诺数（Re）和不同流道高度（$2H$）下空气流的对称平面速度矢量如图 6-7 所示。由图可知，Re 不变时，$2H$ 越大，区域 A 内越容易生成漩涡。换言之，$2H$ 越大，流道内的空

气流分布越不均匀。漩涡能够产生是由于区域 A 内的负压力梯度，负压力梯度也会造成传热的恶化。

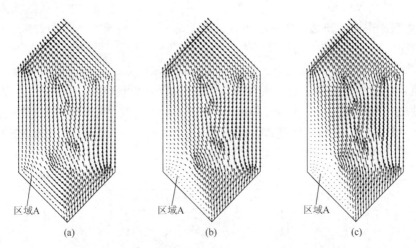

图 6-6　不同雷诺数下空气流对称平面的速度矢量图

$2H$=2 mm，L=W=10 cm，2β=90°；(a) Re=150；(b) Re=550；(c) Re=1150

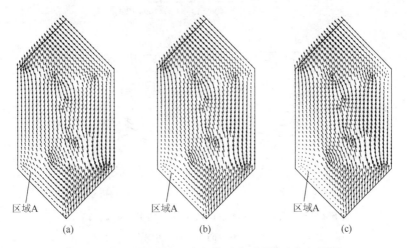

图 6-7　不同流道高度下空气流对称平面的速度矢量图

Re=150，L=W=10 cm，2β=90°；(a) $2H$=2 mm；(b) $2H$=4 mm；(c) $2H$=7 mm

不同流道高度（$2H$）和不同雷诺数（Re）下的平均努塞特数如图 6-8 所示。由图 6-8（a）可知，当 HPMC 的 $2H$ 为 2 mm 或 3 mm 时，随着 Re 的增大，空气流的 Nu_m 先增大后减小再增大。对于 $2H$ 小于 4 mm 的情况，当 Re 从 150 增大到 350，Re 对 Nu_m 的影响是流道（尤其是区域 A）内空气分布不均匀的主要因素。

因此，开始时，Re 越大，Nu_m 越大。当 Re 从 350 增大到 950，流体扰动造成的影响成为了区域 A 内空气分布不均匀的主要因素，由于区域 A 内生成的漩涡导致传热恶化，因此 Nu_m 随着 Re 的增大而减小。当 Re 从 950 开始增大，在区域 A 内，Re 的影响变得比传热恶化的影响更大，因此之后 Nu_m 略微增大了。$2H=2\ mm$ 的流道内空气在不同 Re 下的努塞特数等值线如图 6-9 所示。由图可知，随着 Re 的增大，区域 A 内将会生成漩涡，而且回流区会越来越大。在区域 A 内，因为相对小的流体速度和比热容，空气流容易被加热并逐渐趋向壁面温度，防止了空气流与壁面之间的迅速传热，因此传热在区域 A 内劣化了，区域 A 内的努塞特数也相当小。另外，由于入口效应使 Nu_m 随着 Re 的增大而增大。结果是，Nu_m 的变化是由入口效应和流体传热恶化共同影响的。

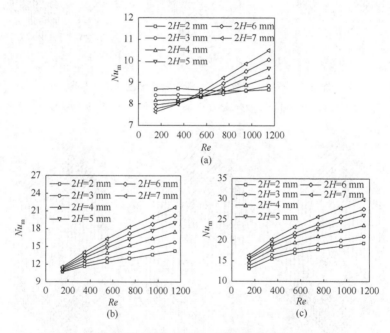

图 6-8　不同流道高度和雷诺数下的平均努塞特数（Nu_m）

（a）空气；（b）水；（c）除湿液

由图 6-8（a）可知，当流道高度（$2H$）大于 3 mm 时，虽然回流区随着 Re 的增大而增大，但是其他区域的传热由于 Re 的增加得到大幅加强，并且传热的加强成为了影响 Nu_m 的主要因素，因此 Nu_m 随着 Re 的增大而增大。当 $Re=150$ 时，$2H$ 越小，Nu_m 越大，这是因为空气流随着 $2H$ 的减小而变得更均匀（图 6-7），随着 $2H$ 的增大，漩涡越容易生成，且区域 A 越来越大，这将导致平均传热效率越来越低。随着 Re 的增大，与区域 A 造成传热的恶化相比，入口效应对传热造成的影响越来越重要，所以随着 $2H$ 和 Re 的增大，Nu_m 增大。在图 6-8（a）中可见，当 Re 大于 950 时，Nu_m 随着 $2H$ 的增大而增大。在图 6-10 中可以看到，当 Re=1150 时，区域 A 旁的传热随着 $2H$ 的增大而加强，因此 Nu_m 变得更大。

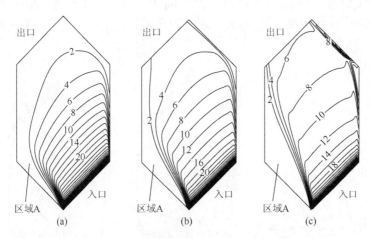

图 6-9　壁面恒温时不同雷诺数下空气流的努塞特数等值线图

$2H$=2 mm，L=W=10 cm，2β=90°；（a）Re=150；（b）Re=550；（c）Re=1150

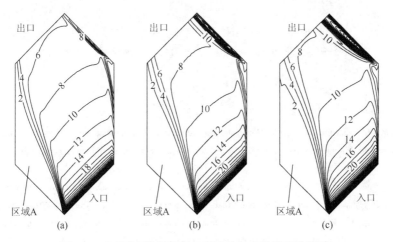

图 6-10　不同流道高度下空气流的努塞特数等值线图

$2H$=2 mm，L=W=10 cm，2β=90°；（a）Re=150；（b）Re=550；（c）Re=1150

对于 HPMC 内的液体流（水/LiCl 溶液），在不同 Re 下 Nu_m 的变化与空气流的情况是不同的。如图 6-8（b）和（c）所示，在相同 $2H$ 的情况下，水和 LiCl 溶液的 Nu_m 都随着 Re 的增大而增大，而且，对于相同的 Re，$2H$ 越大则

Nu_m 越大。区域 A 内生成的漩涡不是导致 Nu_m 随着 Re 或 $2H$ 的增大而增大的原因，这是因为水和 LiCl 溶液的普朗特数（Pr）分别为 7.1 和 28.36，远大于空气的普朗特数（$Pr=0.71$），液体流在区域 A 内的传热不会像空气流那样被严重恶化。对于相同的 $2H$ 和 Re，LiCl 溶液的 Nu_m 几乎分别是水和空气的 1.21～1.38 倍和 1.51～2.85 倍。流道内水在不同 Re 下的努塞特数（Nu）等值线如图 6-11 所示，由图可知，Re 越大，入口效应越强，因此 Nu_m 随着 Re 的增大而增大。

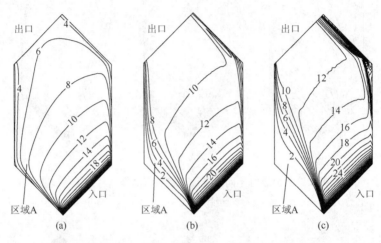

图 6-11　不同雷诺数下空气流的努塞特数等值线图

$2H=2$ mm，$L=W=10$ cm，$2\beta=90°$；（a）$Re=150$；（b）$Re=550$；（c）$Re=1150$

参 考 文 献

[1]　Huang S M，Zhang L Z，Yang M. Conjugate heat and mass transfer in membrane parallel-plates ducts for liquid desiccant air dehumidification：Effects of the developing entrances. Journal of Membrane Science，2013，437：82-89.

[2]　Huang S M，Zhang L Z，Tang K，et al. Fluid flow and heat mass transfer in membrane parallel-plates channels used for liquid desiccant air dehumidification. International Journal of Heat and Mass Transfer，2012，55：2571-2580.

[3]　Zhang L Z. Heat and mass transfer in a cross flow membrane-based enthalpy exchanger under naturally formed boundary conditions. International Journal of Heat Mass Transfer，2007，50：151-162.

[4]　Abdel-Salam A H，Ge G，Simonson C J. Performance analysis of a membrane liquid desiccant air-conditioning system. Energy and Buildings，2013，62：559-569.

[5]　Abdel-Salam A H，Simonson C J. Annual evaluation of energy，environmental and economic performances of a membrane liquid desiccant air conditioning system with/without ERV. Applied Energy，2014，116：134-148.

[6]　Vali A，Simonson C J，Besant R W，et al. Numerical model and effectiveness correlations for a run-around heat recovery system with combined counter and cross flow exchangers. International Journal of Heat and Mass

Transfer, 2009, 52: 5827-5840.

[7] Mahmud K, Mahmood G I, Simonson C J, et al. Performance testing of a counter-cross-flow run-around membrane energy exchanger (RAMEE) system for HVAC applications. Energy and Buildings, 2010, 42: 1139-1147.

[8] Ge G, Moghaddam D G, Namvar R, et al. Analytical model based performance evaluation, sizing and coupling flow optimization of liquid desiccant run-around membrane energy exchanger systems. Energy and Buildings, 2013, 62: 248-257.

[9] Seyed-Ahmadi M, Erb B, Simonson C J, et al. Transient behavior of run-around heat and moisture exchanger system. Part Ⅰ: Model formulation and verification. International Journal of Heat and Mass Transfer, 2009, 52: 6000-6011.

[10] Moghaddam D G, Oghabi A, Ge G, et al. Numerical model of a small-scale liquid-to-air membrane energy exchanger: Parametric study of membrane resistance and air side convective heat transfer coefficient. Applied Thermal Engineering, 2013, 61: 245-258.

[11] Ge G, Abdel-Salam M R H, Simonson C J, et al. Research and applications of liquid-to-air membrane energy exchangers in building HVAC systems at University of Saskatchewan: A review. Renewable and Sustainable Energy Reviews, 2013, 26: 464-479.

[12] Abdel-Salam M R H, Ge G, Fauchoux M, et al. State-of-the-art in liquid-to-air membrane energy exchangers (LAMEEs): A comprehensive review. Renewable and Sustainable Energy Reviews, 2014, 39: 700-728.

[13] Abdel-Salam M R H, Fauchoux M, Ge G, et al. Expected energy and economic benefits, and environmental impacts for liquid-to-air membrane energy exchangers (LAMEEs) in HVAC Systems: A review. Applied Energy, 2014, 127: 202-218.

[14] Shah R K, London A L. Laminar Flow Forced Convection in Ducts. New York: Academic Press Inc, 1978.

[15] Incropera F P, Dewitt D P. Introduction to Heat Transfer. 3rd ed. New York: John Wiley & Sons, 1996.

[16] Zhang L Z, Liang C H, Pei L X. Heat and moisture transfer in application-scale parallel-plates enthalpy exchangers with novel membrane materials. Journal of Membrane Science, 2008, 325: 672-682.

[17] Zhang L Z. Heat and mass transfer in a quasi-counter flow membrane-based total heat exchanger. International Journal of Heat Mass Transfer, 2010, 53: 5478-5486.

[18] Zhang L Z, Liang C H, Pei L X. Conjugate heat and mass transfer in membrane-formed channels in all entry regions. International Journal of Heat Mass Transfer, 2010, 53: 815-824.

[19] Zhang L Z. An analytical solution to heat and mass transfer in hollow fiber membrane contactors for liquid desiccant air dehumidification. ASME Journal of Heat Transfer, 2011, 133: 092001.

[20] Zhang L Z. Coupled heat and mass transfer in an application-scale cross-flow hollow fiber membrane module for air humidification. International Journal of Heat Mass Transfer, 2012, 55: 5861-5869.

[21] Huang S M, Yang M, Zhong W F, et al. Conjugate transport phenomena in a counter flow hollow fiber membrane tube bank: Effects of the fiber-to-fiber interactions. Journal of Membrane Science, 2013, 442: 8-17.

[22] Antonopoulos K A. Heat transfer in tube banks under conditions of turbulent inclined flow. International Journal of Heat Mass Transfer, 1985, 28: 1645-1656.

第7章 逆流中空纤维膜流道

7.1 规则排列逆流椭圆中空纤维膜流道：管间流动与传热

中空纤维膜管束（HFMTB）被广泛应用于燃料电池[1-3]、供热、通风和空气调节（HVAC）中的空气加湿[4-6]。空气和水流被半透膜隔开，半透膜只允许水蒸气的透过而阻止液态水和其他气体的通过[7, 8]。因此完全解决了液态水滴夹带的问题。

在实际工程应用中，HFMTB 的圆形横截面中空纤维膜比较容易变为椭圆形[9,10]，这是因为膜的机械强度不够和流体的挤压。为了揭示形状的改变对流体流动和传热的影响，构造出如图 7-1 所示的一种椭圆中空纤维膜管束并用于空气加湿。这种规则布置的管束是由一系列的椭圆横截面的纤维管（EHFMTB）组成，有四边形排列和三角形排列两种方式。处理空气在 EHFMTB 管间沿轴向流动，而水在纤维管内流动，两股流体呈逆流布置。

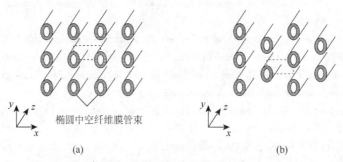

(a) (b)

图 7-1 椭圆中空纤维膜管束的结构示意图

（a）四边形排列；（b）三角形排列；图中虚线包围的部分为计算单元

EHFMTB 内的基础数据如阻力系数和努塞特数是非常重要的，椭圆流道（纤维管内）的传递现象已经被充分研究过了[11-13]。因此本章集中研究 EHFMTB 间流动的传递现象。

7.1.1 管间流动与传热数学模型

1. 动量与热量守恒控制方程

图 7-1 所示为用于空气加湿的 EHFMTB，空气和水以逆流布置的方式分别在

纤维管间沿轴向流动和在纤维管内流动。由于计算的简化和对称性，分别选择如图 7-1（a）和（b）所示的四边形排列和三角形排列的计算单元为计算区域。

　　计算单元的几何结构比较复杂，因此要使用贴体坐标变换法。将如图 7-2（a）和（b）所示的左、右椭圆管半轴比相同时的物理平面转换为如图 7-2（c）所示的计算平面，将如图 7-3（a）和（b）所示的左、右椭圆管半轴比不同时的物理平面转换为如图 7-3（c）所示的计算平面。空气在纤维管间沿着 z 轴方向流动。

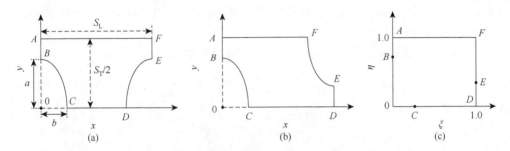

图 7-2　左、右椭圆管半轴比相同时计算单元横截面的坐标系

（a）四边形排列的物理平面；（b）三角形排列的物理平面；（c）四边形排列和三角形排列的计算平面

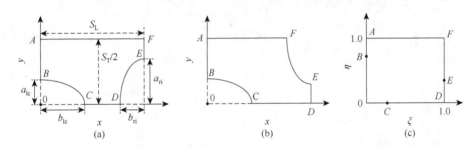

图 7-3　左、右椭圆管半轴比不同时计算单元横截面的坐标系

（a）四边形排列的物理平面；（b）三角形排列的物理平面；（c）四边形排列和三角形排列的计算平面

　　在实际工程应用中，空气流的雷诺数远小于 2000，因此空气流是层流。其他假设如下：

　　（1）空气流假定为具有恒定热物理性质（比热容、密度、导热系数和黏度）的牛顿流体。

　　（2）空气流假设为动量边界层充分发展，而热量和组分边界层在发展中。

　　（3）纤维管表面的温度假设为恒定。

　　对于二维的充分发展的层流（流体只有轴向速度），纳维-斯托克斯方程可简化为[14, 15]：

$$\mu\left(\frac{\partial^2 u}{\partial x^2} + \frac{\partial^2 u}{\partial y^2}\right) = \frac{\mathrm{d}p}{\mathrm{d}z} \tag{7-1}$$

其中，u 是速度（m/s）；μ 是动力黏度（Pa·s）；p 是压力（Pa）；x、y 和 z 是物理平面的坐标（m）。

能量守恒方程可表示为[14, 15]：

$$\lambda\left(\frac{\partial^2 T}{\partial x^2} + \frac{\partial^2 T}{\partial y^2}\right) = \rho c_p u \frac{\partial T}{\partial z} \tag{7-2}$$

其中，T 是温度（K）；λ 是导热系数 [W/(m·K)]；ρ 是密度（kg/m^3）；c_p 是定压比热容 [kJ/(kg·K)]。

上述两个控制着动量和热量传递的方程可以无量纲化为[16, 17]：

$$\frac{\partial^2 u^*}{\partial x^{*2}} + \frac{\partial^2 u^*}{\partial y^{*2}} = -\frac{S_L^2}{D_h^2} \tag{7-3}$$

$$\frac{\partial^2 T^*}{\partial x^{*2}} + \frac{\partial^2 T^*}{\partial y^{*2}} = U\frac{\partial T^*}{\partial z_h^*} \tag{7-4}$$

其中，上标"*"表示无量纲形式；S_L 是轴向间距（m）；T^* 是无量纲温度；D_h 是当量直径（m）。

计算单元中的无量纲坐标定义为：

$$x^* = \frac{x}{S_L} \tag{7-5}$$

$$y^* = \frac{y}{S_L} \tag{7-6}$$

$$z_h^* = \frac{z}{RePrD_h} \tag{7-7}$$

其中，Re 是雷诺数，Pr 是普朗特数。流道的当量直径可由式（7-8）获得：

$$D_h = \frac{2(S_L S_T - \pi ab)}{L_p} \quad \text{或} \quad D_h = \frac{2S_L S_T - \pi a_{le} b_{le} - \pi a_{ri} b_{ri}}{L_p} \tag{7-8}$$

其中，S_L 是横向间距（m）；P_{wet} 是椭圆的湿周长（m），可由式（7-9）计算求得[18]：

$$P_{wet} = \frac{\pi d}{2} = \frac{\pi(a+b)}{2}\left(1 + \frac{1}{4} + \frac{1}{64}h^2 + \frac{1}{256}h^3 + \cdots\right) \tag{7-9}$$

其中，a 是 y 轴方向的椭圆半轴长（m）；b 是 x 轴方向的椭圆半轴长（m）；d 是椭圆的等效圆直径（m）；h 定义为[18]：

$$h = \frac{(a-b)^2}{(a+b)^2} \tag{7-10}$$

无量纲速度定义为：

$$u^* = -\frac{\mu u}{D_h^2 \dfrac{dp}{dz}} \tag{7-11}$$

在式（7-4）中，无量纲速度系数 U 定义为：

$$U = \frac{u^*}{u_m^*} \frac{S_L^2}{D_h^2} \tag{7-12}$$

其中，u_m^* 是横截面的平均无量纲速度，还可表示为：

$$u_m^* = \frac{\iint u^* dA}{\iint dA} \tag{7-13}$$

流道中流体流动的特性可以由阻力系数 f 和雷诺数 Re 的乘积（fRe）来描述[16,17]：

$$fRe = \left(\frac{-D_h \dfrac{dp}{dz}}{\rho u_m^2 / 2}\right)\left(\frac{\rho D_h u_m}{\mu}\right) = \frac{2}{u_m^*} \tag{7-14}$$

无量纲温度定义为：

$$T^* = \frac{T - T_{wall}}{T_{in} - T_{wall}} \tag{7-15}$$

其中，T_{in} 和 T_{wall} 分别是入口温度和纤维表面温度（K）。

局部努塞特数和平均努塞特数可由式（7-16）和式（7-17）获得[16,17]：

$$Nu_L = -\frac{1}{4(T_{wall}^* - T_b^*)} \frac{dT_b^*}{dz_h^*} \tag{7-16}$$

$$Nu_m = \frac{1}{z_h^*} \int_0^{z_h} Nu_L dz_h^* \tag{7-17}$$

其中，下标"wall"和"b"分别表示"壁面平均"和"质量平均"。

2. 边界条件

贴体坐标变换法可用来将复杂的物理区域转换为矩形计算区域[16,17]，将它们画于图 7-2 中，可见无论是四边形排列还是三角形排列，平面 $ABCDEF$ 和边界 BC 都分别对应纤维管间的空气流和左侧纤维管的膜表面，边界 DE 和 EF 分别对应于四边形排列和三角形排列的右侧纤维管的膜表面。

壁面上的速度和温度条件：

BC、DE（四边形排列）和 BC、EF（三角形排列）：$u^* = 0$，$\theta = 0$　（7-18）

入口条件：

$$z_h^* = 0, \quad \theta = 0 \tag{7-19}$$

对称的边界条件：

AB、CD、EF、AF（四边形排列）和 AB、CD、DE、AF（三角形排列）：$\dfrac{\partial \psi}{\partial n}=0$

$$(7-20)$$

其中，ψ 表示压力、速度和温度等变量。

3. 数值求解过程

动量和热量传递的控制方程通过自编代码进行数值求解，建立如图 7-2 和图 7-3 所示的贴体坐标系统，式（7-3）和式（7-4）转换为计算平面对应的公式，然后用有限容积法进行离散[15]。离散方程是非线性的，而且，非线性的交叉倒数项作为源项，因此迭代是必要的，以获得每个方程的解。由于方程的速度分布可以独立于温度分布来确定，换句话说，即求解动量方程来找到充分发展的速度场。有着抛物线特性的三维能量方程用 ADI（交替方向隐式法）算法进行求解[15]。

为了确保计算结果的准确性，进行数值试验来检查网格大小的影响。表明在横截面为 81×31 且轴向 $\Delta z^* = 0.00025$ 的网格就已经足够了，与横截面为 162×62 且轴向 $\Delta z^* = 0.000125$ 的网格相比，仅小于 0.15% 的偏差。最终的数值不确定性为 0.15%。

7.1.2　准逆流椭圆中空纤维膜接触器加湿实验测试

进行了基于 EHFMTB 的空气加湿实验。如图 7-4（a）所示，管束被置于有机玻璃外壳中建立膜接触器，它类似于管壳式换热器，纤维管可以四边形排列也可以三角形排列，纤维管间的空隙属于壳侧，纤维管内属于管侧。纯净水在纤维管内流动（管侧），空气沿轴向在纤维管间流动（壳侧）并且和水处于逆流布置。纤维管隔开空气和水，纤维膜选择性地只允许水蒸气的渗透而阻止其他气体和液态水的渗透，因此能完全防止液体水滴进入室内环境，提升了室内空气质量，这是因为液体水滴可能会使家具腐烂，微生物在墙壁或家具表面生长。

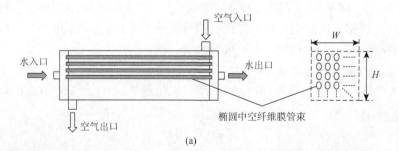

(a)

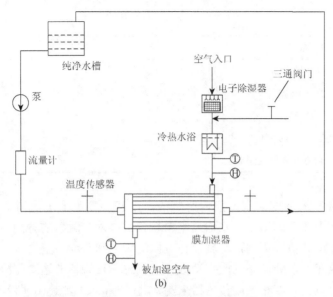

图 7-4　椭圆中空纤维膜空气除湿实验台

（a）椭圆中空纤维膜接触器；（b）空气除湿实验

　　为了研究 EHFMTB 内的传递现象，设计出一个连续的空气加湿系统。测试装置示意图描绘在图 7-4（b）中，可见，里面为一个流动循环（即水循环），包含着泵、流量计、中空纤维膜接触器（膜加湿器）和储水槽。储水槽被放置在低温恒温器中以调节水温。对于空气流，经过了加湿器和热/冷水浴的环境空气作为入口操作空气，从膜加湿器出来的被加湿空气作为废气被排到室外。该纤维膜由一层改良的 PVDF（聚偏二氟乙烯）膜制成。膜的测试物理性能总结在表 7-1 中，同时列出设计的操作条件下的传递性能。两个接触器被用于空气加湿实验中，接触器 A：四边形排列；长 L=30.0 cm；宽 W=4.0 cm；高 H=4.0 cm；纤维管数 n_{fiber}=225；x 轴椭圆半轴 b=554 μm；y 轴椭圆半轴 a=923 μm；传递面积 A_m=1.06 m²；轴向间距 S_L=2.625 mm；横向间距 S_T=2.625 mm。接触器 B：三角形排列；长 L=30.0 cm；宽 W=4.0 cm；高 H=4.0 cm；纤维管数 n_{fiber}=215；x 轴椭圆半轴 b=554 μm；y 轴椭圆半轴 a=923 μm；传递面积 A_m=1.01 m²；轴向间距 S_L=2.625 mm；横向间距 S_T=2.625 mm。

表 7-1　椭圆中空纤维膜管束（EHFMTB）的物理尺寸和传递参数

参数名称	符号	单位	数值
有效纤维管长	L	cm	30.0
x 轴方向的椭圆半轴	b	μm	554
y 轴方向的椭圆半轴	a	μm	923

参数名称	符号	单位	数值
半轴比	b/a	—	0.6
椭圆的等效圆直径	d	mm	1.5
膜厚度	δ	μm	150
水蒸气在空气中的扩散系数	D_{va}	m²/s	2.82×10^{-5}
水蒸气在膜内的有效扩散系数	D_{vm}	m²/s	1.2×10^{-6}

整个装置都放在空调室，室内空气的温度和湿度都能进行调节。储存纯净水的储水槽放置在恒温浴中，水通过塑料软管被泵入接触器的管侧，然后流经管道。空气被真空气体泵驱动，沿轴向在壳侧的管之间流动。空气和水的流速可以用变频器来改变，以获得不同的雷诺数。空气进出接触器的温度和湿度分别由安装在管道进出口的温度和湿度传感器来测量。空气和水的流速由质量流量计测量。管侧和壳侧的压降由电子压力计测量。使用纯净水，导致水侧的传质阻力可以忽略不计[19]。膜的内表面的水蒸气浓度为饱和水蒸气浓度。为了保证恒定的纤维膜壁温，管内水的流速被设定得比较高（>5.0 cm/s），因此管内由蒸发导致的温降可以忽略[19]。检查膜加湿器的热量和水蒸气平衡，加湿器的热量损失约 6.1%，水蒸气损失约 0.31%。热量很容易从流体损失到周围环境，然而因为外壳材料有强疏水性，水蒸气损失是相当小的。可见，由于热量损失非常大，热量传递实验难以进行，因此，为了验证热量和质量传递类比的数值结果，进行传质实验。测量结果的不确定性为：压力±0.1 Pa；温度±0.1℃；湿度±2.0%；质量分数±1.0%；体积流量±1.0%，最终所测试的阻力系数和努塞尔特数不确定性分别为 3.5%和7.5%。

$$k_{tot} = \frac{Q_{in}(\omega_{in} - \omega_{out})}{A_{tot}\Delta\omega_{log}} \tag{7-21}$$

其中，Q_i 是入口空气流速（m³/s）；A_{tot} 是整个管束的总纤维膜面积（m²）；ω_{in} 和 ω_{out} 分别是接触器入口和出口的空气湿度（kg/kg）。$\Delta\omega_{log}$ 是对数平均湿度差，可由式（7-22）计算：

$$\Delta\omega_{log} = \frac{(\omega_s - \omega_{in}) - (\omega_s - \omega_{out})}{\ln[(\omega_s - \omega_{in})/(\omega_s - \omega_{out})]} \tag{7-22}$$

其中，ω_s 是饱和状态的空气湿度（kg/kg）。

壳侧的舍伍德数可由式（7-23）计算：

$$Sh = \frac{k_a D_h}{D_{va}} \tag{7-23}$$

其中，D_{va} 是水蒸气在空气中的扩散系数（m^2/s）；k_a 是壳侧的传质系数（m/s），可由式（7-24）计算：

$$\frac{1}{k_a} = \frac{1}{k_{tot}} - \frac{\delta}{D_{vm}} \tag{7-24}$$

其中，δ 是膜厚度（m）；D_{vm} 是水蒸气在膜内的扩散系数（m^2/s）。

基于所测量参数的壳侧舍伍德数被计算后，努塞特数可以由奇尔顿-柯尔伯恩类比得到[20]，该类比可表示为：

$$Sh = NuLe^{-1/3} \tag{7-25}$$

$$Le = \frac{Pr}{Sc} \tag{7-26}$$

$$Pr = \frac{c_p \mu}{\lambda} \tag{7-27}$$

$$Sc = \frac{\mu}{\rho D_f} \tag{7-28}$$

其中，D_f 是扩散系数（m^2/s）。

7.1.3　数学模型实验验证

进行实验以验证数值，对计算和实验所获得的空气在 EHFMTB 间轴向流动的（fRe）和 Nu 进行比较，并列于表 7-2 中。可见，计算和实验数据的误差在±5%［误差=（实验值–计算值）/计算值］，表明用该模型预测 EHFMTB 用于空气加湿的传递现象是有效的。

表 7-2　比较数值计算和实验中获得的(*fRe*)和 *Nu*

（$S_L/d = S_T/d = 1.75$，$b/a = 0.6$）

数据	四边形排列		三角形排列	
	fRe	*Nu*	*fRe*	*Nu*
数值计算	133.32	10.42	134.91	10.77
实验结果	137.11	9.98	138.09	10.29
误差/%	2.84	−4.22	2.35	−4.45

除了实验验证，该研究中开发的代码也应得到验证。对于流道中完全展开的层流，fRe 和 Nu_T（在均匀温度条件下）是恒定的。流体在 EHFMTB 间轴向流动的 fRe 和 Nu_T 仍未获得，而 HFMTB（由圆形中空纤维膜管束制成，$b/a=1.0$）间的 fRe 和 Nu_T 已经在文献[21]和[22]中被提出，并将两者的数值进行比较，如

表 7-3 所示，可见，误差在±2.5% [误差=（现值–参考值）/参考值]，说明代码是准确的。模型验证之后，接下来进行数值研究。

表 7-3　　比较本章和文献中 **HFMTB** 的充分发展 ***fRe*** 和 ***Nu*_T**（S_T=S_L）

$S_L/(2r_o)$	四边形排列						三角形排列					
	fRe			Nu_T			*fRe*			Nu_T		
	本章	文献[21]	误差/%	本章	文献[22]	误差/%	本章	文献[21]	误差/%	本章	文献[22]	误差/%
4.0	357.11	354.23	0.81	35.84	35.21	1.79	349.74	347.99	0.50	35.06	34.54	1.51
2.0	163.18	162.65	0.33	13.57	13.40	1.27	163.45	164.22	−0.47	14.83	14.66	1.16
1.5	117.75	118.99	−1.04	7.86	7.98	−1.50	126.07	126.88	−0.64	10.25	10.34	−0.87
1.25	90.63	—	—	4.69			105.69			7.55	—	—
1.2	80.47	81.21	−0.91	3.91	3.84	1.82	101.11	101.95	−0.82	7.10	7.19	−1.25
1.1	59.17	59.78	−1.02	2.46	2.52	−2.38	85.57	86.31	−0.86	5.71	5.82	−1.89

7.1.4　左、右椭圆管半轴比相同的情况

为了揭示 EHFMTB 间轴向流体流动和传热的特性，当左、右椭圆管半轴比相同时，流道横截面的无量纲速度和压力的等值线分别如图 7-5 和图 7-6 所示。从图 7-5（a）中可见，呈现了四边形排列的无量纲速度场，在膜表面的无量纲速度值为零，而且该值在膜表面附近大幅上升，等值线是左右对称的并且几乎垂直于对称边界。从图 7-5（b）中可见，呈现了三角形排列的无量纲速度场，类似地，在膜表面的无量纲速度值为零并且在膜表面附近大幅上升，等值线在纤维管间是斜对称的。分别从图 7-6（a）和（b）所示的四边形排列和三角形排列的无量纲温度等值线可见，形状和温度等值线的变化趋势类似于速度等值线的变化趋势，然而等值线的值是不同的。

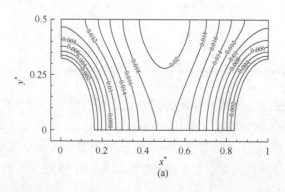

(a)

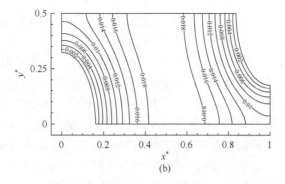

(b)

图 7-5　空气流横截面的无量纲速度等值线

$S_L/(2r_0)=S_T/(2r_0)=2.0$，$b/a=0.5$；（a）四边形排列；（b）三角形排列

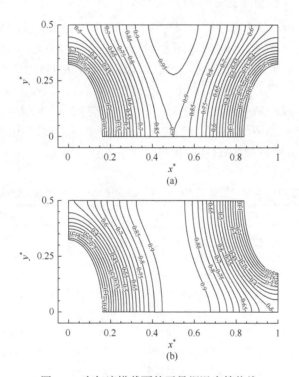

(a)

(b)

图 7-6　空气流横截面的无量纲温度等值线

$z_h^*=4.42\times10^{-3}$，$S_L/(2r_0)=S_T/(2r_0)=2.0$，$b/a=0.5$；（a）四边形排列；（b）三角形排列

对于 EHFMTB 间的空气轴向流动，有着不同间距直径比（S_L/d）和椭圆半轴比（b/a）的均匀温度边界条件下的完全展开的 fRe 和局部努塞特数（Nu_T）列于表 7-4 中。考虑了 4 个间距直径比，分别为 1.5、2.0、2.5、3.0。椭圆半轴比的变化范围在 0.5～2.0。可见，无论是四边形排列还是三角形排列，S_L/d 越大，fRe 和

Nu_T 越大。在不同半轴比下 fRe 和 Nu_T 的变化非常复杂。为了进一步说明这些变化，b/a 对 $(fRe)/(fRe)_0$ 和 Nu_T/Nu_{T0} 的影响分别如图 7-7 和图 7-8 所示，其中，下标 "0" 表示 $b/a=1.0$，换句话说，这种情况下 EHFMTB 相当于有着圆形横截面纤维管的 HFMTB。将 EHFMTB 和 HFMTB 的轴向流动和传热进行比较。如图 7-7 所示，对于四边形排列，当 $b/a=1.0$ 时 $(fRe)/(fRe)_0$ 最大，当 b/a 小于 1.0 时，$(fRe)/(fRe)_0$ 随着 b/a 的增大而增大，当 b/a 大于 1.0 时，$(fRe)/(fRe)_0$ 随着 b/a 的增大而减小。然而，对于三角形排列，当 b/a 从 0.5 增加到约 1.4 时，$(fRe)/(fRe)_0$ 随之增大，当 b/a 约等于 1.4 时，$(fRe)/(fRe)_0$ 达到最大值，当 b/a 在 1.4~2.0 范围内增大，$(fRe)/(fRe)_0$ 随之略微减小。对于四边形排列，$(fRe)/(fRe)_0$ 的差距与 $b/a=1.0$ 相比在 0.0~0.16，这比三角形排列的情况要小（在 0.0~0.2）。这一差距无论是四边形排列还是三角形排列都随着 S_L/d 的减小而增大。

如图 7-8 所示，对于四边形排列，当 $b/a=1.0$ 时 Nu_T/Nu_{T0} 最大（=1.0），当 b/a 在 0.5~1.0 时，b/a 越大，Nu_T/Nu_{T0} 越大，当 b/a 在 1.0~2.0 时，b/a 越大，Nu_T/Nu_{T0} 越小，Nu_T/Nu_{T0} 小于 1.0，表示与 HFMTB 相比，EHFMTB 的传热恶化了 0.1%~6%。然而，对于三角形排列，当 b/a 从 0.5 上升到约 1.4，Nu_T/Nu_{T0} 随之增大，当 b/a 接近 1.4 时，Nu_T/Nu_{T0} 最大，当 b/a 从 1.4 上升到 2.0，Nu_T/Nu_{T0} 随之减小，与 HFMTB 相比，当 b/a 在 0.5~1.0 时，EHFMTB 的传热恶化了 0.15%~26%，然而当 b/a 在 1.0~2.0 时，EHFMTB 的传热强化了 0.1%~9%。

表 7-4　均匀温度边界条件下流体沿 EHFMTB 轴向流动的充分发展 fRe 和 Nu_T（$S_T=S_L$）

S_L/d	b/a	$S_L/(2b)$	$S_T/(2a)$	四边形排列		三角形排列		S_L/d	b/a	$S_L/(2b)$	$S_T/(2a)$	四边形排列		三角形排列	
				fRe	Nu_T	fRe	Nu_T					fRe	Nu_T	fRe	Nu_T
1.5	0.5	2.31	1.16	101.10	7.38	102.02	7.56	2.0	0.5	3.08	1.54	153.81	12.89	154.37	13.10
	0.6	2.03	1.22	106.55	7.58	108.24	7.97		0.6	2.71	1.63	155.94	13.12	157.53	13.50
	0.7	1.84	1.28	111.38	7.73	114.29	8.47		0.7	2.45	1.71	157.56	13.34	159.81	13.89
	0.9	1.58	1.43	117.09	7.85	123.82	9.66		0.9	2.11	1.90	159.22	13.45	163.12	14.56
	1.0	1.0	1.0	117.75	7.86	126.88	10.25		1.0	2.0	2.0	159.43	13.57	164.22	14.83
	1.2	1.38	1.65	115.94	7.82	130.03	11.01		1.2	1.84	2.21	159.01	13.39	165.62	15.18
	1.5	1.26	1.89	110.03	7.67	130.54	11.12		1.5	1.68	2.53	157.35	13.27	166.47	15.39
	1.8	1.19	2.14	104.34	7.49	129.56	10.66		1.8	1.59	2.86	155.42	13.05	166.61	15.40
	2.0	1.16	2.31	101.28	7.38	128.90	10.36		2.0	1.54	3.08	154.22	12.89	166.53	15.36
2.5	0.5	3.85	1.93	197.24	18.09	198.51	18.38	3.0	0.5	4.63	2.31	241.16	23.23	242.70	23.59
	0.6	3.39	2.03	198.52	18.18	200.19	18.66		0.6	4.06	2.44	242.19	23.36	244.26	23.83
	0.7	3.06	2.14	199.40	18.39	201.54	18.91		0.7	3.67	2.60	243.23	23.49	245.44	24.01
	0.9	2.64	2.38	200.28	18.44	203.41	19.23		0.9	3.17	2.85	243.68	23.55	246.91	24.28
	1.0	2.5	2.5	200.40	18.53	204.03	19.43		1.0	3.0	3.0	244.14	23.60	247.34	24.37

续表

S_L/d	b/a	$S_L/(2b)$	$S_T/(2a)$	四边形排列		三角形排列	
				fRe	Nu_T	fRe	Nu_T
1.2		2.30	2.76	200.23	18.42	204.82	19.62
1.5		2.10	3.16	199.43	18.36	205.25	19.75
1.8		1.98	3.57	198.41	18.19	205.22	19.77
2.0		1.93	3.85	197.51	18.09	205.05	19.76

S_L/d	b/a	$S_L/(2b)$	$S_T/(2a)$	四边形排列		三角形排列	
				fRe	Nu_T	fRe	Nu_T
1.2		2.76	3.31	244.01	23.54	247.78	24.48
1.5		2.53	3.79	243.31	23.48	247.81	24.54
1.8		2.38	4.29	242.38	23.36	247.42	24.53
2.0		2.31	4.63	241.74	23.23	247.04	24.49

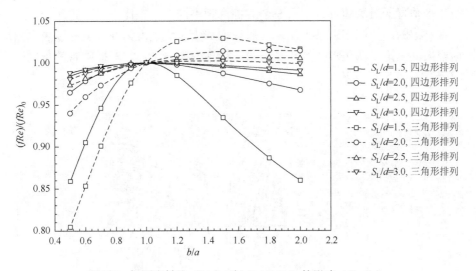

图 7-7　椭圆半轴比（b/a）对 $(fRe)/(fRe)_0$ 的影响（$S_T=S_L$）

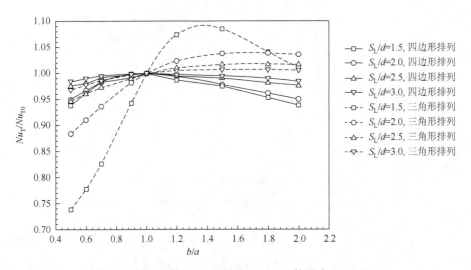

图 7-8　椭圆半轴比（b/a）对 Nu_T/Nu_{T0} 的影响（$S_T=S_L$）

7.1.5　左、右椭圆管半轴比不同的情况

当左、右椭圆管半轴比不同时，为了揭示 EHFMTB 间轴向流体流动和传热的特点，当 $S_L/d=S_T/d=2.0$，$b_{le}/a_{le}=0.5$，$b_{ri}/a_{ri}=2.0$ 时流道横截面的无量纲速度等值线如图 7-9 所示，值得注意的是，无量纲温度等值线的形状与其相同。如图 7-9（a）所示，在膜表面的无量纲速度的值为 0，而且，该值在膜表面附近快速增大，等值线几乎垂直于对称边界，由于左、右椭圆管不同的半轴比，导致等值线并不是左、右对称的。如图 7-9（b）所示，膜表面的无量纲速度为 0 并且在膜表面附近快速增大。无论是四边形排列还是三角形排列，都由于左、右椭圆管的半轴比不同而产生流动的不均匀。

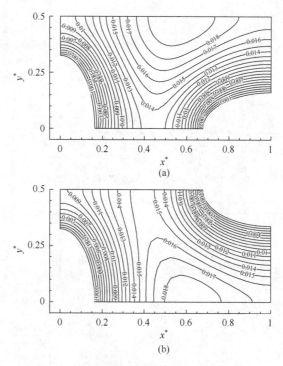

图 7-9　空气流横截面的无量纲速度等值线

$S_L/d=S_T/d=2.0$，$b_{le}/a_{le}=0.5$，$b_{ri}/a_{ri}=2.0$；（a）四边形排列；（b）三角形排列

对于 EHFMTB 间空气的轴向流动，在均匀温度边界条件下，左、右椭圆管有着不同半轴比（b/a）时的充分发展 fRe 和局部努塞特数（Nu_T）列于表 7-5 中，纵向间距与直径比和横向间距与直径比均被设定为 2.0，选择 4 组左椭圆

管半轴比（b_{1e}/a_{1e}）为 0.5、1.0、1.5 和 2.0，右椭圆管半轴比（b_{ri}/a_{ri}）从 0.5 变化到 2.0。对于相同的 b_{1e}/a_{1e}，无论 b_{ri}/a_{ri} 如何变化，四边形排列的 fRe 和 Nu_T 都比三角形排列的小。为了进一步说明变化趋势，椭圆半轴比（b_{1e}/a_{1e}, b_{ri}/a_{ri}）对 EHFMTB 间 fRe 和 Nu_T 的影响分别如图 7-10 和图 7-11 所示，其中实心表示左、右椭圆管的半轴比相同时（$b_{1e}/a_{1e}=b_{ri}/a_{ri}$）的值。如图 7-10 所示，对于四边形排列，$fRe$ 先增大后减小，b_{ri}/a_{ri} 从 0.5 变化到 2.0，当 b_{1e}/a_{1e} 等于 0.5 或 2.0 时，$b_{1e}/a_{1e}=b_{ri}/a_{ri}$ 的 fRe 是最小的，而 fRe 在 $b_{1e}/a_{1e}=b_{ri}/a_{ri}=1.0$ 时是最大的。而对于三角形排列，当 b_{1e}/a_{1e} 等于 0.5、1.0 和 1.5 时，随着 b_{ri}/a_{ri} 的增大，fRe 先增大后减小，然而当 b_{1e}/a_{1e} 等于 2.0 时，fRe 随着 b_{ri}/a_{ri} 的增大一直增大。如图 7-11 所示，当 b_{1e}/a_{1e} 等于 0.5、1.0 和 1.5 时，b_{ri}/a_{ri} 从 0.5 变化到 2.0，四边形排列和三角形排列的 Nu_T 都先增大后减小，当 b_{1e}/a_{1e} 等于 2.0 时，b_{ri}/a_{ri} 从 0.5 变化到 2.0，三角形排列的 Nu_T 一直增大，四边形排列的 Nu_T 一直减小。当 $b_{1e}/a_{1e}=b_{ri}/a_{ri}=1.0$ 时四边形排列具有最大的 fRe 和 Nu_T，当 $b_{1e}/a_{1e}=b_{ri}/a_{ri}=1.5$ 时三角形排列具有最大的 fRe 和 Nu_T。

表 7-5　均匀温度边界条件下 EHFMTB 间流体轴向流动的充分发展 fRe 和局部努塞特数（Nu_T）

（$S_L/d=S_T/d=2.0$）

b_{1e}/a_{1e}	b_{ri}/a_{ri}	四边形排列		三角形排列		b_{1e}/a_{1e}	b_{ri}/a_{ri}	四边形排列		三角形排列	
		fRe	Nu_T	fRe	Nu_T			fRe	Nu_T	fRe	Nu_T
0.5	0.5	153.80	12.90	156.80	13.11	1.0	0.5	157.51	13.38	161.35	13.92
	0.6	155.08	13.03	158.04	13.33		0.6	158.09	13.44	162.49	14.13
	0.8	156.85	13.25	160.32	13.69		0.8	159.11	13.54	164.63	14.54
	1.0	157.49	13.38	161.43	13.94		1.0	159.43	13.57	165.66	14.83
	1.2	157.97	13.43	162.34	14.10		1.2	159.09	13.53	166.51	15.02
	1.5	157.84	13.38	162.66	14.13		1.5	158.39	13.39	166.82	15.05
	2.0	156.83	13.12	162.15	13.90		2.0	156.82	13.06	166.29	14.72
1.5	0.5	157.84	13.37	162.57	14.08	2.0	0.5	156.83	13.12	162.07	13.82
	0.6	158.13	13.38	163.62	14.26		0.6	156.96	13.08	163.08	13.95
	0.8	158.67	13.39	165.70	14.65		0.8	157.22	13.07	165.10	14.28
	1.0	158.39	13.39	166.79	15.01		1.0	156.89	13.06	166.29	14.65
	1.2	158.11	13.36	167.73	15.27		1.2	156.46	13.06	167.35	14.97
	1.5	157.33	13.26	168.26	15.45		1.5	155.58	13.02	168.11	15.30
	2.0	155.58	13.02	168.09	15.32		2.0	154.22	12.88	168.29	15.43

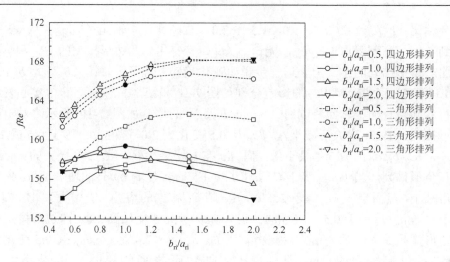

图 7-10　左、右椭圆管半轴比（b_{le}/a_{le}，b_{ri}/a_{ri}）对规则分布 EHFMTB 间（fRe）的影响

$S_L/d=S_T/d=2.0$，实心表示 $b_{le}/a_{le}=b_{ri}/a_{ri}$ 时的值

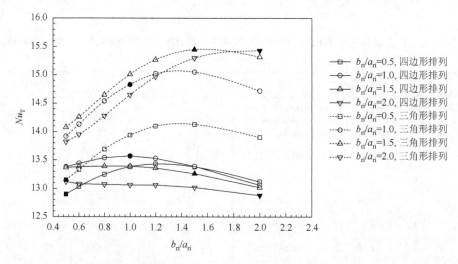

图 7-11　左、右椭圆管半轴比（b_{le}/a_{le}，b_{ri}/a_{ri}）对规则分布 EHFMTB 间 Nu_T 的影响

$S_L/d=S_T/d=2.0$，实心表示 $b_{le}/a_{le}=b_{ri}/a_{ri}$ 时的值

对于规则分布 EHFMTB 间轴向的层流流动和传热，纵向间距与直径比和横向间距与直径比（S_L/d，S_T/d）也是主要影响因素，不同 S_L/d 和 S_T/d 下 EHFMTB 的 fRe 和 Nu_T 列于表 7-6 中，b_{le}/a_{le} 和 b_{ri}/a_{ri} 都设定为 2.0，S_L/d 和 S_T/d 都从 1.5 变化到 3.0。对于相同的 S_L/d，无论 S_T/d 如何变化，四边形排列的 fRe 和 Nu_T 都比三角形排列的小。为了进一步说明变化趋势，S_L/d 和 S_T/d 对 fRe 和 Nu_T 的影响分别如图 7-12 和图 7-13 所示，其中实心表示 S_L/d 和 S_T/d

相等。如图 7-12 所示，对于四边形排列，当 S_L/d 等于 1.5 时，fRe 随着 S_T/d 的增大而减小，然而当 S_L/d 等于 2.0、2.5 和 3.0 时，fRe 随着 S_T/d 的增大而增大。对于三角形排列，fRe 随着 S_T/d 的增大而增大。如图 7-13 所示，对于四边形排列，当 S_L/d 等于 1.5 时，Nu_T 随着 S_T/d 的增大而减小，当 S_L/d 等于 2.0 时随着 S_T/d 的增大，Nu_T 先增大后减小，然而当 S_L/d 等于 2.5 和 3.0 时，Nu_T 随着 S_T/d 的增大而增大。对于三角形排列，Nu_T 随着 S_T/d 的增大而增大。

表 7-6　均匀温度边界条件下 EHFMTB 间流体轴向流动的充分发展 fRe 和局部努塞特数（Nu_T）
（$b_{le}/a_{le}=b_{ri}/a_{ri}=2.0$）

S_L/d	S_T/d	四边形排列		三角形排列		S_L/d	S_T/d	四边形排列		三角形排列	
		fRe	Nu_T	fRe	Nu_T			fRe	Nu_T	fRe	Nu_T
1.5	1.5	101.27	7.38	129.78	10.39	2.0	1.5	140.75	11.12	146.52	12.20
	2.0	98.30	7.30	142.09	11.38		2.0	154.02	12.88	168.29	15.43
	2.5	96.10	7.18	156.89	13.21		2.5	157.93	12.90	183.89	16.83
	3.0	94.61	7.11	172.45	15.29		3.0	159.26	12.77	199.04	18.34
2.5	1.5	143.17	10.39	146.05	10.60	3.0	1.5	137.38	9.35	142.08	9.77
	2.0	178.87	15.87	184.36	16.57		2.0	187.54	15.85	192.59	16.21
	2.5	197.42	18.09	208.38	19.88		2.5	219.76	20.67	226.93	21.35
	3.0	208.21	18.74	227.42	21.88		3.0	241.37	23.24	252.79	24.70

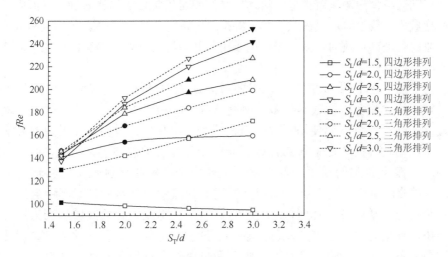

图 7-12　S_L 和 S_T 对规则分布 EHFMTB 间 fRe 的影响

$b_{le}/a_{le}=b_{ri}/a_{ri}=2.0$，实心表示 $S_L=S_T$ 时的值

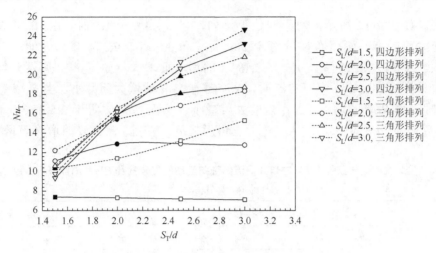

图 7-13　S_L 和 S_T 对规则分布 EHFMTB 间 Nu_T 的影响

$b_{le}/a_{le}=b_{ri}/a_{ri}=2.0$，实心表示 $S_L=S_T$ 时的值

7.2　规则排列逆流中空纤维膜流道：耦合传热传质

近年来，液体除湿技术已成为热点研究课题[23-27]。为了解决传统直接接触式液体除湿过程中存在的液滴夹带问题，中空纤维膜接触器被用来实现液体除湿[5, 7, 28, 29]。该膜接触器由中空纤维膜管束（HFMTB）安装于塑料壳内形成，如图 7-14 所示。纤维管的排布方式为四边形或三角形。液体吸湿剂在纤维管内流动，管外空气流与管内溶液流呈逆流流动。纤维膜可以防止液滴泄漏到空气流中，而允许热量和水蒸气通过膜在空气和吸湿剂之间进行传递[19, 30-32]，即热量和水蒸气可以通过膜进行有效的交换。正是由于空气和除湿溶液间接接触而避免了液滴夹带的问题。

为了设计和优化管束排布，需要得到逆流中空纤维膜接触器中的阻力系数、努塞特数和舍伍德数等准数。中空纤维膜接触器中的共轭传递现象已被研究过[33]。然而，该研究使用了自由表面模型。很显然，自由表面模型的方法只是一个粗略估计的方法，相邻纤维管间的相互作用被忽略了。因此，由简单的自由表面模型得到的结果不能准确地反映中空纤维膜接触器中的共轭传递现象。本章的创新点为研究了管间相互作用对逆流中空纤维膜接触器中流体流动和共轭传热传质现象的影响。如图 7-14 所示，虚线包含的区域被选为计算单元。在计算单元内，建立了流体流动、能量和质量守恒方程，并通过共轭传热传质边界条件进行求解，获得了在膜表面形成的自然边界条件下的努塞特数和舍伍德数，并对其进行了分析和实验验证。本章获得的中空纤维膜接触器中的准则数可用于组件的结构优化。

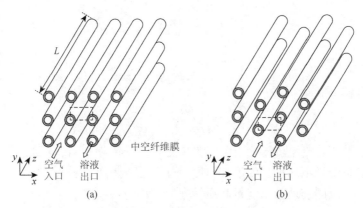

图 7-14 逆流中空纤维膜接触器（HFMTB）结构示意图

（a）四边形排列；（b）三角形排列

7.2.1 耦合传热传质数学模型

1. 动量、热量和质量守恒控制方程

中空纤维膜接触器被用于液体除湿，如图 7-14 所示。空气和除湿溶液呈逆流形式分别在纤维管外和管内流动。由于对称性和为了简化计算，两个分别为四边形排列和三角形排列的单元如图 7-14（a）和（b）虚线所示，被选为计算单元。整个膜接触器的填充密度与计算单元的填充密度相等，可通过式（7-29）计算：

$$\varphi = \frac{\pi r_{\mathrm{o}}^2}{S_{\mathrm{L}} S_{\mathrm{T}}} \qquad (7\text{-}29)$$

其中，r_{o} 是纤维管的外径（m）；S_{L} 和 S_{T} 分别是纵向和横向间距（m）。

计算单元的几何构造较为复杂，因此采用了贴体坐标转换法。实际平面如图 7-15（a）和（c）所示，转换后的计算平面如图 7-15（b）和（d）所示。空气在纤维管间沿着 z 轴流动，而除湿溶液在圆形通道（纤维管内）沿着$-z$ 轴流动。热量和水蒸气可通过膜在空气流和溶液流间进行交换。当水蒸气被溶液吸收时，吸收的热量释放于溶液和膜之间。

在工程应用中，空气流和溶液流的流动雷诺数均远低于 2300。因此，可以认为空气流和溶液流均为层流。其他的假设如下：

（1）空气和溶液流均为牛顿流体，并且具有恒定的热物理性质（密度、导热系数、黏度、比热容）。

（2）空气和溶液流体假设为水力充分发展，而传热和传质边界层为发展中[15, 34]。

（3）忽略空气和溶液流动方向的热扩散和质量扩散项，因为在实际应用中空气和溶液流的佩克莱数均大于 10[11]。

空气侧，无量纲化的动量、能量和质量传递控制方程为：

$$\frac{\partial^2 u_a^*}{\partial x^{*2}} + \frac{\partial^2 u_a^*}{\partial y^{*2}} = -\frac{S_L^2}{D_{h,a}^2} \tag{7-30}$$

$$\frac{\partial^2 T_a^*}{\partial x^{*2}} + \frac{\partial^2 T_a^*}{\partial y^{*2}} = U_a \frac{\partial T_a^*}{\partial z_{h,a}^*} \tag{7-31}$$

$$\frac{\partial^2 \omega_a^*}{\partial x^{*2}} + \frac{\partial^2 \omega_a^*}{\partial y^{*2}} = U_a \frac{\partial \omega_a^*}{\partial z_{m,a}^*} \tag{7-32}$$

其中，下标"a"表示空气流；上标"*"表示无量纲形式；x、y和z是坐标方向；u^*、T^*和ω^*是无量纲速度、温度和湿度；D_h是当量直径（m）。

同理，溶液侧的动量、能量和质量守恒方程为：

$$\frac{\partial^2 u_s^*}{\partial x^{*2}} + \frac{\partial^2 u_s^*}{\partial y^{*2}} = -\frac{S_L^2}{D_{h,s}^2} \tag{7-33}$$

$$\frac{\partial^2 T_s^*}{\partial x^{*2}} + \frac{\partial^2 T_s^*}{\partial y^{*2}} = -U_s \frac{\partial T_s^*}{\partial z_{h,s}^*} \tag{7-34}$$

$$\frac{\partial^2 X_s^*}{\partial x^{*2}} + \frac{\partial^2 X_s^*}{\partial y^{*2}} = -U_s \frac{\partial X_s^*}{\partial z_{m,s}^*} \tag{7-35}$$

其中，下标"s"表示溶液流；X是溶液的无量纲质量分数。对于空气流和溶液流，无量纲化的动量、能量及质量守恒方程具有相同的形式。然而，由于两流体为逆流形式，空气流沿着 z 向，溶液流沿着（L-z）向。

计算单元内的无量纲坐标定义为：

$$x^* = \frac{x}{S_L}, \quad y^* = \frac{y}{S_L} \tag{7-36}$$

$$z_h^* = \frac{z}{RePrD_h}, \quad z_m^* = \frac{z}{ReScD_h} \tag{7-37}$$

其中，Pr 和 Sc 分别是普朗特数和施密特数。空气流道和溶液流道的当量直径为：

$$D_{h,a} = \frac{2(S_L S_T - \pi r_o^2)}{\pi r_o}, \quad D_{h,s} = 2r_i \tag{7-38}$$

其中，r_i 是纤维膜的内径（m）。

无量纲速度定义为：

$$u^* = -\frac{\mu u}{D_h^2 \dfrac{dp}{dz}} \tag{7-39}$$

其中，μ 是动力黏度（Pa·s）；p 是压力（Pa）。

在式（7-31）、式（7-32）、式（7-34）和式（7-35）中，无量纲系数 U 定义为：

$$U = \frac{u^*}{u_m^*} \frac{S_L^2}{D_h^2} \tag{7-40}$$

其中，u_m^* 是截面无量纲平均速度，其值为：

$$u_m^* = \frac{\iint u^* \mathrm{d}A}{\iint \mathrm{d}A} \tag{7-41}$$

流道中的流体流动特征可以用阻力系数和雷诺数的乘积来表示[11]：

$$fRe = \left(\frac{-D_h \dfrac{\mathrm{d}p}{\mathrm{d}z}}{\rho u_m^2 / 2}\right)\left(\frac{\rho D_h u_m}{\mu}\right) = \frac{2}{u_m^*} \tag{7-42}$$

无量纲流体温度

$$T^* = \frac{T - T_{a,in}}{T_{s,in} - T_{a,in}} \tag{7-43}$$

其中，$T_{a,in}$ 是空气入口温度（K）；$T_{s,in}$ 是溶液入口温度（K）。

无量纲湿度定义为：

$$\omega^* = \frac{\omega - \omega_{a,in}}{\omega_{s,in} - \omega_{a,in}} \tag{7-44}$$

其中，$\omega_{a,in}$ 是空气的入口湿度（kg/kg）；$\omega_{s,in}$ 是溶液在入口温度（$T_{s,in}$）和质量分数（$X_{s,in}$）下的等效湿度。水蒸气分压力、温度，以及 LiCl（氯化锂）溶液浓度的关系可通过一系列的热力学公式按照参考文献[35]求得，再由水蒸气分压力计算出溶液的平衡湿度。

溶液的无量纲质量分数定义为：

$$X^* = \frac{X - X_{e,in}}{X_{s,in} - X_{e,in}} \tag{7-45}$$

其中，$X_{s,in}$ 是入口溶液的质量分数（kg 水/kg 溶液）；$X_{e,in}$ 是溶液与空气入口温度（$T_{a,in}$）和湿度（$\omega_{a,in}$）相平衡的质量分数。

局部努塞特数和平均努塞特数由式（7-46）和式（7-47）求得：

$$Nu_L = -\frac{1}{4(T_{wall}^* - T_b^*)}\frac{\mathrm{d}T_b^*}{\mathrm{d}z_h^*} \tag{7-46}$$

$$Nu_m = \frac{1}{z_h^*}\int_0^{z_h^*} Nu_L \mathrm{d}z_h^* \tag{7-47}$$

其中，下标"wall"和"b"分别表示"壁面平均"和"质量平均"。

同理，在空气流中考虑质量平衡的一个控制体积上局部和平均舍伍德数为：

$$Sh_{L,a} = -\frac{1}{4(\omega_{wall,a}^* - \omega_{b,a}^*)}\frac{\mathrm{d}\omega_{b,a}^*}{\mathrm{d}z_{m,a}^*} \tag{7-48}$$

$$Sh_{m,a} = \frac{1}{z_{m,a}^*}\int_0^{z_{m,a}^*} Sh_{L,a} \mathrm{d}z_{m,a}^* \tag{7-49}$$

相应地，对于溶液流有

$$Sh_{L,s} = -\frac{1}{4(X^*_{wall,s} - X^*_{b,s})}\frac{dX^*_{b,s}}{dz^*_{m,s}} \tag{7-50}$$

$$Sh_{m,s} = \frac{1}{z^*_{m,s}}\int_0^{z^*_{m,s}} Sh_{L,s}dz^*_{m,s} \tag{7-51}$$

2. 边界条件

适体坐标变换法被用来将实际的模型转换为矩形计算模型[36]，如图 7-15 所示。在图中，对于四边形排列和三角形排列，平面 *ABCF*、*CDEF*、*HIJK* 和 *NEDGLM* 分别相当于左边纤维内的溶液流和膜，右边纤维内的溶液流和两管间的空气流。*GHKL* 和 *HMLK* 分别为右边四边形和三角形排列的膜。

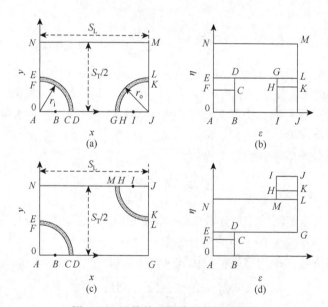

图 7-15　计算单元横截面坐标转换图

（a）四边形排列实际图；（b）四边形排列计算平面图；（c）三角形排列实际图；（d）三角形排列计算平面图

空气流和溶液流的速度边界条件（无滑移）：
DE、*CF*、*GL*、*HK*（四边形）和 *DE*、*CF*、*ML*、*HK*（三角形），

$$u^*_x = 0, \quad u^*_y = 0 \tag{7-52}$$

空气流的入口边界，

$$z^*_{h,a} = 0, \quad T^*_a = 0 \tag{7-53}$$

$$z^*_{m,a} = 0, \quad \omega^*_a = 0 \tag{7-54}$$

溶液流的入口边界，

$$z_{h,s}^* = 0, \quad T_s^* = 0 \tag{7-55}$$

$$z_{m,s}^* = 0, \quad X_s^* = 0 \tag{7-56}$$

对称边界条件，

MN、DG、AB、BC、AF、HI、IJ、JK、NE（四边形中的 ML，三角形中的 GL），

$$\frac{\partial \psi}{\partial n} = 0 \tag{7-57}$$

其中，ψ 是压力、速度、温度、湿度或质量分数。

在除湿过程中，当水蒸气接触液体吸湿剂被吸收时，相变热产生并释放在溶液和膜的接触面。空气流和溶液流在膜表面的热量平衡无量纲控制方程为：

$$\lambda^* \frac{\partial T_a^*}{\partial n}\bigg|_{\text{surface,a}} + h_{\text{abs}}^* \frac{\partial \omega_a^*}{\partial n}\bigg|_{\text{surface,a}} = \frac{\partial T_s^*}{\partial n}\bigg|_{\text{surface,s}} \tag{7-58}$$

其中，无量纲吸收热和无量纲导热系数分别定义为：

$$h_{\text{abs}}^* = \frac{\rho_a D_{va} h_{\text{abs}}}{\lambda_s} \left(\frac{\omega_{s,\text{in}} - \omega_{a,\text{in}}}{T_{s,\text{in}} - T_{a,\text{in}}} \right) \tag{7-59}$$

$$\lambda^* = \frac{\lambda_a}{\lambda_s} \tag{7-60}$$

其中，H_{abs} 是吸收热（kJ/kg）；D_{va} 是水蒸气在空气中的扩散系数（m²/s）。

空气侧和溶液侧膜表面热流密度为：

$$q_h = -\lambda \frac{\partial T}{\partial n}\bigg|_{\text{surface}} \tag{7-61}$$

其中，下标 "surface" 表示空气侧或溶液侧的膜表面。

膜表面质量边界条件：

空气侧膜表面，

$$q_{m,a} = m_v \tag{7-62}$$

溶液侧膜表面，

$$q_{m,s} = m_v \tag{7-63}$$

其中，m_v 是通过膜的水蒸气流量，由式（7-64）求得[33]：

$$m_v = \rho_a D_{vm} \frac{\omega_{\text{surface,a}} - \omega_{\text{surface,s}}}{\delta} \tag{7-64}$$

其中，D_{vm} 是水蒸气在膜内的扩散系数（m²/s）；δ 是膜厚（m）。

空气侧膜表面的水蒸气通量为：

$$q_{m,a} = -\rho_a D_{va} \frac{\partial \omega_a}{\partial n}\bigg|_{\text{surface,a}} \tag{7-65}$$

同理，溶液侧膜表面的水蒸气通量为：

$$q_{m,s} = -\rho_s D_{ws} \frac{\partial X_s}{\partial n}\bigg|_{surface,s} \qquad (7\text{-}66)$$

其中，D_{ws} 是水蒸气在溶液中的扩散系数（m²/s）。

3. 控制方程数值求解方法

本章通过 FORTRAN 自编程序利用有限体积法对动量、能量和质量传递守恒方程进行求解。在建立适体坐标系统转换后，如图 7-15 所示，式（7-30）～式（7-35）被变换为计算模型相应的方程。由于两流体与膜紧密相连，温度和湿度也相互影响，采用 ADI 算法求解。详细的求解过程参考文献[33]。通过这些过程，所有的守恒方程和边界条件都能同时得到满足。容易发现，膜表面既不是恒值（温度或浓度）条件，也不是恒密度（热流或质量流量）条件，而是膜形成的自然边界条件。

为保证计算结果的准确性，对网格进行独立性检查。结果表明，对空气流和溶液流分别在 *x-y* 平面取 101×31 和 31×31 个网格及在 *z* 轴向取 61 个网格是足够的。因为对空气流增加网格数量为 151×51×81 和对溶液流增加网格数为 51×51×81，计算结果相差小于 1%。最终的数值误差为 1%。

7.2.2　逆流中空纤维膜接触器除湿实验测试

本章设计和安装了一套能够连续除湿的实验装置以研究逆流中空纤维膜接触器中的传热传质现象。该装置的结构图如图 5-3 所示。由图可知，系统中有两个逆流中空纤维膜接触器，如图 7-16 所示，一个用于空气除湿，另一个用于溶液再生。这两个组件结构一样，前者称为除湿器，后者称为再生器。

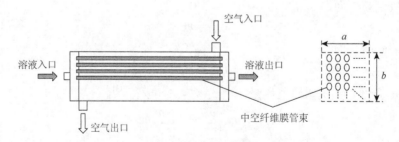

图 7-16　逆流中空纤维膜接触器

除湿器中的热量和质量传递是本章的核心研究内容。除湿器的结构类似于逆流管壳式换热器。中空纤维管式膜位于有机玻璃壳中间，两端由 AB 胶固定以形成管程，纤维膜间的空隙形成壳程。除湿溶液在管内流动，空气在壳程流动，两流体呈逆流形式。中空纤维膜由一层 PVDF（聚偏二氟乙烯）多孔膜制作形成。同时，由于在膜上下表面均匀涂有一层硅胶改进膜的性能，防止除湿溶液从膜孔泄漏。膜的热力学性质参数见表 7-7。另外，该表也列举了一些实验室测量得到的传递参数[37]。利用上述的膜材料制作两个接触器并用于实验。膜接触器的外观、纤维膜的分布情况及纤维膜的横截面见图 7-17。接触器 A：四边形排列，接触器长度（L=30.0 cm）；宽度（a=4.0 cm）；高度（b=4.0 cm）；纤维膜数目（n_{fiber}=225）；填充率（φ=0.256）；传递面积（A_m=1.06 m^2）；纵向间距（S_L=2.625 mm）；横向间距（S_T=2.625 mm）。接触器 B：三角形排列，接触器长度（L=30.0 cm）；宽度（a=4.0 cm）；高度（b=4.0 cm）；纤维膜数目（n_{fiber}=225）；填充率（φ=0.256）；传递面积（A_m=1.06 m^2）；纵向间距（S_L=2.625 mm）；横向间距（S_T=2.625 mm）。

表 7-7　膜的热力学性质及传递参数

符号	单位	数值	符号	单位	数值
L	cm	30.0	Re_s	—	3
r_i	μm	600	Pr_a	—	0.71
r_o	μm	750	Pr_s	—	28.36
D_{vm}	m^2/s	1.2×10^{-6}	Sc_a	—	0.564
D_{va}	m^2/s	2.82×10^{-5}	Sc_s	—	1390
D_{ws}	m^2/s	3.0×10^{-9}	$T_{a, in}$	℃	35.0
δ	μm	150	$T_{s, in}$	℃	25.0
λ_a	W/(m·K)	0.0263	$\omega_{a, in}$	kg/kg	0.021
λ_s	W/(m·K)	0.5	$\omega_{s, in}$	kg/kg	0.0055
ρ_s	kg/m^3	1215	$X_{s, in}$	kg/kg	0.65
Re_a	—	350	$X_{e, in}$	kg/kg	0.72

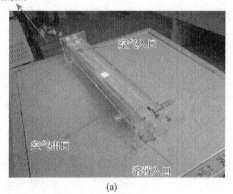

(a)

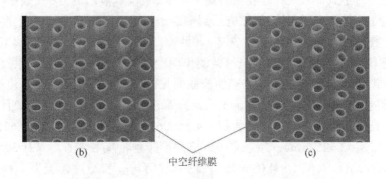

图 7-17　膜接触器实物图

（a）接触器外观；（b）四边形排列的纤维管；（c）三角形排列的纤维管

　　整个实验装置放置于空调房中，室内空气温度和湿度可以通过空调进行调节，除湿器和再生器均使用室内空气。空气流由两个真空泵提供动力，一个放置在除湿器前，另一个放置在再生器前。利用 LiCl 溶液作为除湿溶液。膜除湿器如图 7-16 所示，整个除湿系统包括四个过程：除湿、溶液加热、再生和溶液冷却。流道入口处的条件为：空气入口温度为 35℃ 及流速 0.021 kg/kg；溶液入口温度 25.0℃ 及流速 0.65 kg/kg。在实验过程中，空气流量是可调节的以得到不同的流动雷诺数（Re）。为评估除湿器的性能，通过压差计、K 型热电偶和转子流量计测量除湿器的入口和出口温度、湿度和体积流量。除湿溶液的温度和体积流量也在除湿器的进出口处测量得到。除湿溶液进出除湿器的质量分数可利用传统硝酸银沉淀法测量。利用能量和质量进出除湿器对其进行热量和质量平衡检测。经计算，系统的热量损失率在 2.5% 以下，水蒸气损失率小于 0.7%。本章实验中测量设备的误差：压力 ±0.1 Pa；温度 ±0.1℃；湿度 ±2.0%；体积流量 ±1.0%；质量分数 ±1%。阻力系数、努塞特数和舍伍德数的最终偏差分别为3.5%、7.5% 和 7.9%。

7.2.3　数学模型实验验证

　　用测得的实验数据来验证模拟值。实验在不同流速下进行，以改变流体流动雷诺数。模拟和实验得到的空气和溶液出口温度（T_{ao} 和 T_{so}）、空气出口湿度 ω_{ao} 及溶液出口质量分数的比较如表 7-8 所示。实验和模拟得到的两流体进出流道的压差（Δp_a 和 Δp_s）列于表 7-9 中。由表 7-8 和表 7-9 可知，最大偏差的绝对值小于 5%，即本章建立的模型在预测逆流规则中空纤维膜接触器在液体除湿过程中的传递现象是准确的。

表 7-8　模拟和实验得到的结果比较

$(S_L/(2r_o)=S_T/(2r_o)=1.75,\ \varphi=0.256,\ T_{a,in}=35℃,\ T_{s,in}=25℃,\ \omega_{a,in}=21.0\ g/kg,\ X_{s,in}=0.65\ kg/kg)$

| 操作条件 | | 参数 | | | | | | | | | | | |
m_a/ (kg/h)	m_s/ (kg/h)	$T_{a,out,cal}$ /℃	$T_{a,out,exp}$ /℃	误差 /%	$T_{s,out,cal}$ /℃	$T_{s,out,exp}$ /℃	误差 /%	$\omega_{a,out,cal}$ /(g/kg)	$\omega_{a,out,exp}$ /(g/kg)	误差 /%	$X_{a,out,cal}$ /(kg/kg)	$X_{a,out,ex}$ /(kg/kg)	误差 /%
						四边形排列							
5.71	27.07	25.23	25.1	0.52	28.53	28.1	1.53	10.26	10.01	2.50	0.6527	0.6536	0.14
6.67	27.10	25.30	25.2	0.40	28.93	28.6	1.15	11.16	11.11	0.45	0.6528	0.6543	0.23
7.62	27.08	25.38	25.2	0.71	29.26	28.9	1.25	11.95	11.75	1.70	0.6529	0.6543	0.21
8.58	27.07	24.46	24.6	0.57	29.54	29.4	0.48	12.64	12.89	1.94	0.6530	0.6546	0.24
6.67	15.47	25.57	25.0	2.28	30.66	29.8	2.89	11.65	11.19	3.98	0.6538	0.6550	0.23
6.71	19.39	25.44	25.0	1.76	29.91	29.5	1.39	11.49	11.11	3.42	0.6535	0.6539	0.24
6.70	23.20	25.36	24.9	1.85	29.54	28.9	2.21	11.31	10.99	2.91	0.6529	0.6510	0.15
						三角形排列							
5.71	27.07	25.22	25.0	0.88	28.53	28.2	1.17	10.12	10.05	0.70	0.6525	0.6531	0.09
6.67	27.10	25.27	25.0	1.08	29.04	28.7	1.18	11.04	10.99	0.45	0.6526	0.6541	0.23
7.62	27.08	25.35	25.1	1.00	29.31	29.0	1.07	11.82	11.65	1.46	0.6527	0.6540	0.20
8.58	27.07	24.41	24.2	0.87	29.60	29.1	1.72	12.50	12.46	0.32	0.6528	0.6540	0.18
6.67	15.47	25.72	25.0	2.88	31.56	31.1	1.48	11.31	11.58	2.33	0.6537	0.6550	0.26
6.71	19.39	25.51	25.0	2.04	30.06	29.2	2.95	11.20	11.42	1.93	0.6532	0.6542	0.32
6.70	23.20	25.38	24.8	2.34	29.54	28.5	3.65	11.11	11.21	0.89	0.6529	0.6512	0.08

表 7-9　实验和模拟得到的两流体进出流道的压差比较

$(S_L/(2r_o)=S_T/(2r_o)=1.75,\ \varphi=0.256)$

| 操作条件 | | 参数 | | | | | | | | | | | |
| | | 四边形排列 | | | | | | 三角形排列 | | | | | |
m_a/ (kg/h)	m_s/ (kg/h)	$\Delta p_{a,cal}$ /Pa	$\Delta p_{a,exp}$ /Pa	误差 /%	$\Delta p_{s,cal}$ /Pa	$\Delta p_{s,exp}$ /Pa	误差 /%	$\Delta p_{a,cal}$ /Pa	$\Delta p_{a,exp}$ /Pa	误差 /%	$\Delta p_{s,cal}$ /Pa	$\Delta p_{s,exp}$ /Pa	误差 /%
4.76	10.48	20.87	20.1	3.83	352.46	349.9	0.73	21.13	21.8	3.07	353.51	357.1	1.01
5.71	15.47	25.06	24.6	1.87	469.50	468.1	0.32	25.86	26.1	0.92	470.49	473.2	0.57
6.67	19.39	28.84	29.2	1.23	588.56	591.2	0.45	29.24	30.2	3.18	591.66	586.5	0.88
7.62	23.20	33.35	34.1	2.20	704.25	708.3	0.57	33.85	33.5	1.04	706.30	702.3	0.57
8.58	27.07	37.41	37.9	1.29	819.94	822.9	0.36	37.91	37.2	1.91	820.82	815.6	0.64

　　除实验验证外，本章还对自编的 FORTRAN 程序进行验证。环形流道内的溶液流，Nu_T（在恒温条件下得到）和$(fRe)_s$是等值边界层充分发展后的值。Nu_T 和 $(fRe)_s$ 的值为 3.64 及 63.89，与 3.66 和 64 很接近[11]。

对于纤维管间的空气流体，其阻力系数和努塞特数在恒温边界条件下的值可从参考文献[21]和[22]得到，并与本章得到的结果进行对比。在图 7-15（a）边界 ED、GL 和图 7-15（c）ED、ML 处，其流体流速为 0 且为绝热边界条件，与参考文献[21]和[22]一致。以上修正只是为了对本章的数值计算进行验证。本章得到的 Nu_T 和 $(fRe)_s$ 值与参考文献[21]和[22]的对比列于表 7-10 中。由表可见，最大偏差小于 2.5%，即本章的程序是准确的。通过模型验证，数值计算将应用于下面的研究。

表 7-10　　Nu_T 和 $(fRe)_s$ 值与参考文献值对比

$S_L/(2r_0)$	填充率(φ)	四边形排列				三角形排列			
		$(fRe)_a$		Nu_T		$(fRe)_a$		Nu_T	
		本章	文献[21]	本章	文献[22]	本章	文献[21]	本章	文献[22]
4.0	0.049	357.11	354.23	35.84	35.21	349.74	347.99	35.06	34.54
2.5	0.126	205.82	204.34	19.50	19.02	203.77	201.94	19.56	19.43
2.0	0.196	163.18	162.65	14.63	14.58	163.45	162.88	14.95	14.66
1.5	0.349	120.32	120.99	8.80	8.69	126.07	125.52	10.32	9.91
1.25	0.502	90.63	—	4.69	—	105.69	—	7.55	—
1.2	0.545	81.97	82.21	3.91	3.84	101.11	101.95	7.10	7.19
1.1	0.649	59.17	60.02	2.46	2.52	85.57	86.31	5.71	5.88

7.2.4　努塞特数和舍伍德数分析

流体在圆形流道（溶液侧）内的流动与在普通的圆形内的流动一样[11]，这里不再赘述。对于四边形排列和三角形排列的流道，空气侧无量纲速度分布图如图 7-18（a）和（b）所示。由图可以看出，膜表面的无量纲速度为 0，越靠近膜，值减小越快。无量纲速度等值线几乎与对称边界垂直。

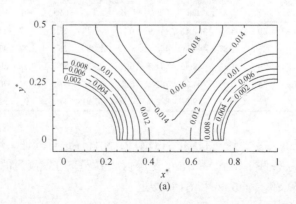

(a)

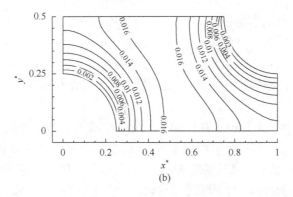

图 7-18　空气侧的速度等值线图

$S_L/(2r_0)=S_T/(2r_0)=2.0$；（a）四边形排列；（b）三角形排列

　　对于纤维管外的空气流体，在共轭边界条件（$Nu_{C,a}$）下其充分发展的$(fRe)_a$和局部努塞特数随变化间距与直径比（$S_L/(2r_0)$）和填充率（φ）的值列于表 7-11 中。填充率（φ）的范围为 0.087~0.502，是实际应用的中等和常见的值[33]。同时，表中还列出了在恒温边界条件和恒热流密度边界条件下空气流道的 Nu_T 和 Nu_H。这两种极端的条件下，膜外表面被设置为恒温（T）和恒热流密度（H）边界条件。由表 7-11 可以看到，填充率（φ）越小，空气侧的$(fRe)_a$越大。这种变化是由温度等值线在不同的填充率下改变而导致的。对于四边形排列和三角形排列，当填充率小于 0.13 时，空气侧的 $Nu_{C,a}$ 比 Nu_H 大；当填充率大于 0.13 时，$Nu_{C,a}$ 小于 Nu_H，而大于 Nu_T。

表 7-11　空气侧充分发展的$(fRe)_a$、努塞特数和舍伍德数（$S_T=S_L$）

$S_L/(2r_0)$	填充率（φ）	四边形排列					三角形排列				
		Nu_H	Nu_T	$Nu_{C,a}$	$Sh_{C,a}$	$(fRe)_a$	Nu_H	Nu_T	$Nu_{C,a}$	$Sh_{C,a}$	$(fRe)_a$
3.0	0.087	25.38	24.61	25.87	24.72	251.90	25.49	24.48	25.71	24.81	247.91
2.75	0.104	22.93	21.99	23.21	22.88	228.37	23.01	21.97	23.14	23.02	225.48
2.5	0.126	20.57	19.50	20.56	19.73	205.82	20.66	19.56	20.61	19.83	203.77
2.25	0.155	18.27	17.08	18.11	17.67	184.15	18.44	17.22	18.07	17.54	183.11
2.0	0.196	15.92	14.63	15.45	14.86	163.18	15.95	14.95	15.55	14.86	163.45
1.75	0.256	13.83	12.01	12.76	12.32	142.41	14.52	12.69	13.43	12.05	144.58
1.5	0.349	11.50	8.80	9.68	9.42	120.32	13.10	10.32	11.51	9.46	126.07
1.25	0.502	8.42	4.69	5.66	5.43	90.63	11.14	7.55	8.65	6.65	105.69

对于纤维管内的溶液流体，在入口处其局部努塞特数从一个较大的值迅速减小到入口段之后的充分发展值。溶液流道是足够长（$L=30$ cm）的以得到热力充分发展（$z=3.3$ cm）。在自然形成的边界条件下（$Nu_{C,s}$），充分发展段的局部努塞特数是不随纤维管排列方式变化而变化的，其值为 4.39，与 Nu_H（$=4.36$[11]）很接近。

对于空气流体，在共轭边界条件下（$Sh_{C,a}$），充分发展段的局部舍伍德数随变化间距与直径比（$S_L/(2r_0)$）和填充率（φ）的值列于表 7-11 中。由表 7-11 可以看到，填充率（φ）越大，空气侧的 $Sh_{C,a}$ 越大。这种变化是由浓度等值线在不同的填充率下改变而导致的。对于四边形排列，空气侧的 $Sh_{C,a}$ 在 Nu_H 和 Nu_T 之间，而更接近 Nu_T。对于三角形排列，当填充率小于 0.2 时，空气侧的 $Sh_{C,a}$ 在 Nu_H 和 Nu_T 之间；当填充率大于 0.2 时，$Sh_{C,a}$ 变得比 Nu_T 小。

对于溶液流，局部和平均舍伍德数的变化情况类似于努塞特数的变化情况。然而，浓度边界层（$z=25.5$ cm）的发展比热力边界层（$z=3.3$ cm）的发展缓慢很多，因为 LiCl 溶液的施密特数（$Sc_s=1390$）远大于空气的（$Sc_a=0.564$），但整个流道也足够长（$L=30$ cm）以使得溶液流得到组分充分发展。充分发展段的舍伍德数（$Sh_{C,s}$）是独立的，不与纤维管的排列方式或填充率相关。这个性质与溶液侧的 $Nu_{C,s}$ 性质相似。充分发展段的舍伍德数其值为 4.49，比溶液侧的 $Nu_{C,s}$（$=4.39$）稍大。

7.2.5　与自由表面模型的对比

自由表面模型已被用来预测用于液体除湿的逆流中空纤维膜接触器共轭传递现象的研究[33]。基于这种方法，单根纤维膜及其外的自由表面被选为计算模型而忽略相邻纤维管间的影响及不同纤维管排列方式的影响。由自由表面模型得到的结果和由本章方法得到的结果对比情况如图 7-19 和图 7-20 所示。图 7-19 为共轭传递边界条件下（$Nu_{C,a}$, $Sh_{C,a}$）空气侧充分发展的 $(fRe)_a$ 的对比；图 7-20 为共轭传递边界条件下（$Nu_{C,a}$, $Sh_{C,a}$）空气侧充分发展的局部努塞特数和舍伍德数的对比。由图 7-19 可见，当填充率（φ）小于 0.2 时，四边形排列和三角形排列方式下的 $(fRe)_a$ 几乎是一样的；当填充率（φ）大于 0.2 时，三角形排列中的 $(fRe)_a$ 比四边形排列的大，且差距随着填充率（φ）的增加而增大。对于四边形和三角形排列的模组件，由自由表面模型得到的 $(fRe)_a$ 比由本章计算模型得到的大 10%～35%。由图 7-20 可以看出，空气侧的 $Nu_{C,a}$ 和 $Sh_{C,a}$ 几乎是一样在较低填充率情况下（$\varphi<0.2$，$Nu_{C,a}$；$\varphi<0.3$，$Sh_{C,a}$）。与本章的计算模型相比，利用自由表面模型评估空气侧的 $Nu_{C,a}$ 和 $Sh_{C,a}$ 将会分别高估 8%～45% 和 8%～50%。

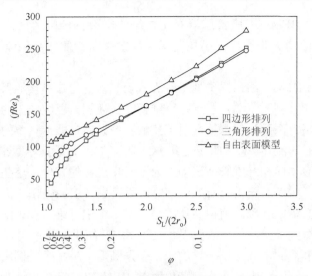

图 7-19　自由表面模型与本章计算模型得到的四边形和三角形管束排列空气侧
$(fRe)_a$ 对比

$S_T = S_L$

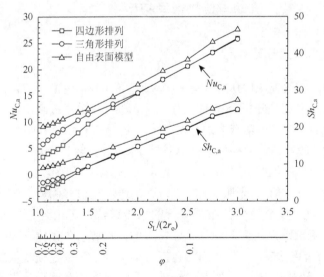

图 7-20　自由表面模型与本章计算模型得到的四边形和三角形管束排列空气侧
$Nu_{C,a}$ 和 $Sh_{C,a}$ 对比

$S_T = S_L$

7.3　随机分布的逆流椭圆中空纤维膜流道

近年来，膜广泛应用于供热、通风和空气调节（HVAC）的空气湿度调节[38-48]。

这是因为基于 EHFMB 的膜接触器对比传统的气液直接接触设备有一些明显的优点：不存在液滴夹带现象、高填充率、高效率、管侧和壳侧流速的独立控制等[19, 31, 38]。

在一个由 EHFMB 组成的类似于管壳式换热器的逆流膜接触器中，液态水在椭圆纤维管内（管侧）流动，空气在纤维管间（壳侧）以纯逆流的方式流动。一些基础数据如阻力系数和努塞特数对于接触器的设计是非常重要的。已知椭圆纤维管内（管侧）的流体流动和传热已有深入研究[11, 12]，因此本章集中研究壳侧。在壳侧，空气沿轴向在纤维管间流动，为了制作过程的方便，这些纤维管很可能是随机分布的。然而，随机分布的中空纤维膜管束（REHFMB）间的轴向传递现象至今还未在文献中提到。值得注意的是，圆形中空纤维膜管束间轴向的流体流动和传热已经得到实验和数值研究[49-55]，然而这些结果并不适用于 REHFMB，这是因为它们的横截面形状是不一样的，一个是圆形，另一个是椭圆形。因此应该揭示椭圆半轴比、纤维管分布和旋转角度对 REHFMB 间轴向动量和热量传递的影响。

7.3.1　随机分布管束流动与传热数学模型

1. 随机分布管束计算单元

上述提到，空气在 REHFMB 间轴向流动，REHFMB 由一束椭圆形纤维管组成，横截面上纤维管是随机分布的。为了揭示随机分布对椭圆形纤维管间轴向流动和传热的影响，使用了泰森多边形法[56, 57]，这是一种用来描述随机填充点的空间细分的数学建模技术，它提供了计算随机空间几何特征的方法。基于这种技术，随机分布的椭圆形纤维管束被分成一系列多边形晶格，如图 7-21 所示，每个晶格包含一个椭圆形纤维管和周围的空气流，这是通过直边界邻近纤维管之间形成等距来建立的。因此整个随机分布纤维管的总传递特性可由各个单元的贡献来近似[56, 57]。已知椭圆形纤维管的数量是非常多的，通常一个壳体有 50～400 根横截面直径为 4 cm 的纤维管[32, 58]，因此直接对整个纤维管束建模是很困难的。为了解决这个问题，选择如图 7-21 所示的一种用粗线包围的多边形计算单元为计算区域。可见，计算单元包含 20 根椭圆纤维管和纤维管间的空气流，值得注意的是，用于数值试验的计算单元纤维管数量应该上升到 50 根。而且，纤维管数对阻力系数和努塞特数的基础数据的影响将被评估，以确认这些结果与纤维管数是无关的。对于确定的计算单元，随机分布和纤维与纤维间相互作用对整个 REHFMB 间轴向传递特性的影响可以被描述。

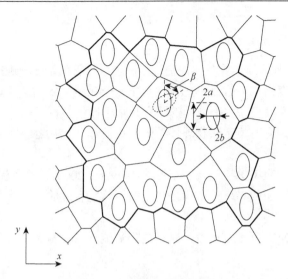

图 7-21　随机分布椭圆中空纤维膜管束（REHFMB）的局部横截面
将粗线包围的纤维管作为计算单元，它包含 20 根不同随机分布特点的纤维管

在计算单元中，REHFMB 内每个椭圆纤维管的中心位置和旋转角度是随机且相互独立的，且都符合正态分布的性质，因此使用正态分布随机模型来预测椭圆纤维管的随机分布[59]。

Box-Muller 变换是用来产生一对独立的、无量纲的正态分布（零期望、单位方差）随机数的伪随机数抽样法[60, 61]。由 Box-Muller 给出的基本形式有两个取自均匀分布区间（0, 1）的样本，并将其映射到两个无量纲的正态分布样本。假设 U_1 和 U_2 是属于均匀分布区间（0, 1）的两个独立随机变量。设

$$Z_1 = \sqrt{-2\ln U_1}\,\cos(2\pi U_2) \tag{7-67}$$

$$Z_2 = \sqrt{-2\ln U_1}\,\sin(2\pi U_2) \tag{7-68}$$

其中，Z_1 和 Z_2 是无量纲正态分布的独立随机变量；E 和 S 分别是均值和方差，且可被手动调整[60, 61]。因此两组随机数可由式（7-69）获得[60, 61]：

$$Z_3 = E + Z_1 S \tag{7-69}$$

$$Z_4 = E + Z_2 S \tag{7-70}$$

然后，REHFMB 内椭圆形纤维管的几何中心的坐标可由 Z_3 和 Z_4 获得。因此随机分布椭圆纤维管的计算单元被确立了。生成六个分别对应填充率、椭圆半轴比和旋转角度的计算单元，并获得每个计算单元的阻力系数和努塞特数，最后获得它们的平均值并在后面列出。

2. 流动与传热控制方程

在如图 7-21 所示的计算单元，空气在椭圆纤维管间沿 z 轴进行轴向流动，计算单元的轴向长度为 0.4 m，这与实际的 REHFMB 是一致的。建立包含动量和热量传递的三维数学模型，控制方程的建立是基于以下假设：

（1）空气流是有着恒定热物理性质的牛顿流体（比热容、密度、导热系数和黏度）。

（2）由于实际应用中空气流雷诺数较低（小于 2000），空气流是层流。

（3）纤维管表面的温度被认为是恒定的，这是有效的，因为在流动中热传递的毕奥数远小于 0.1[11, 12]。

对于 REHFMB 间三维的空气轴向的层流流动，动量和热量传递的控制方程如下[39, 62]。

质量守恒：

$$\frac{\partial u^*}{\partial x^*} + \frac{\partial v^*}{\partial y^*} + \frac{\partial w^*}{\partial z^*} = 0 \tag{7-71}$$

其中，x、y 和 z 分别是翼展方向、法向方向和流动方向的坐标；u、v 和 w 分别是 x、y 和 z 方向的流速（m/s）；上标"*"表示无量纲形式。

三个方向的动量守恒：

$$u^* \frac{\partial u^*}{\partial x^*} + v^* \frac{\partial u^*}{\partial y^*} + w^* \frac{\partial u^*}{\partial z^*} = -\frac{1}{2} \frac{\partial p^*}{\partial x^*} + \frac{D_h}{W} \frac{1}{Re} \left(\frac{\partial^2 u^*}{\partial x^{*2}} + \frac{\partial^2 u^*}{\partial y^{*2}} + \frac{\partial^2 u^*}{\partial z^{*2}} \right) \tag{7-72}$$

$$u^* \frac{\partial v^*}{\partial x^*} + v^* \frac{\partial v^*}{\partial y^*} + w^* \frac{\partial v^*}{\partial z^*} = -\frac{1}{2} \frac{\partial p^*}{\partial y^*} + \frac{D_h}{W} \frac{1}{Re} \left(\frac{\partial^2 v^*}{\partial x^{*2}} + \frac{\partial^2 v^*}{\partial y^{*2}} + \frac{\partial^2 v^*}{\partial z^{*2}} \right) \tag{7-73}$$

$$u^* \frac{\partial w^*}{\partial x^*} + v^* \frac{\partial w^*}{\partial y^*} + w^* \frac{\partial w^*}{\partial z^*} = -\frac{1}{2} \frac{\partial p^*}{\partial z^*} + \frac{D_h}{W} \frac{1}{Re} \left(\frac{\partial^2 w^*}{\partial x^{*2}} + \frac{\partial^2 w^*}{\partial y^{*2}} + \frac{\partial^2 w^*}{\partial z^{*2}} \right) \tag{7-74}$$

其中，p 是压力（Pa）；W 是计算单元的最大宽度（m）；Re 是雷诺数。

能量守恒：

$$u^* \frac{\partial T^*}{\partial x^*} + v^* \frac{\partial T^*}{\partial y^*} + w^* \frac{\partial T^*}{\partial z^*} = \frac{D_h}{W} \frac{1}{RePr} \left(\frac{\partial^2 T^*}{\partial x^{*2}} + \frac{\partial^2 T^*}{\partial y^{*2}} + \frac{\partial^2 T^*}{\partial z^{*2}} \right) \tag{7-75}$$

其中，T 是温度（K）；Pr 是普朗特数。

计算单元内三个方向的无量纲坐标定义为

$$x^* = \frac{x}{W}, \quad y^* = \frac{y}{W}, \quad z^* = \frac{z}{W} \tag{7-76}$$

空气流在三个方向的无量纲速度定义为

$$u^* = \frac{u}{V_{in}}, \quad v^* = \frac{v}{V_{in}}, \quad w^* = \frac{w}{V_{in}} \tag{7-77}$$

其中，V_{in} 是空气流进口流速（m/s）。

雷诺数定义为：

$$Re = \frac{\rho V_{in} D_h}{\mu} \tag{7-78}$$

其中，ρ 是密度（kg/m³）；μ 是动力黏度（Pa·s）；D_h 是空气流动的当量直径（m），可由式（7-79）计算：

$$D_h = \frac{4A_c}{P_{wet}} = \frac{(1-\varphi)n_{fiber}\pi ab}{\varphi P_{wet}} \tag{7-79}$$

其中，A_c 是空气流道的横截面积（m²）；φ 是填充率（m²/m³）；n_{fiber} 是纤维管数量；a 是 y 轴方向椭圆半轴长（m）；b 是 x 轴方向椭圆半轴长（m）；P_{wet} 是湿周长（m），可由式（7-80）计算[28]：

$$P_{wet} = \frac{\pi d}{2} = \frac{\pi(a+b)}{2}\left(1 + \frac{1}{4} + \frac{1}{64}h^2 + \frac{1}{256}h^3 + \cdots\right) \tag{7-80}$$

其中，d 是椭圆的等效圆直径（m）；h 定义为[18]

$$h = \frac{(a-b)^2}{(a+b)^2} \tag{7-81}$$

无量纲压力定义为

$$p^* = \frac{p}{(1/2)\rho V_{in}^2} \tag{7-82}$$

无量纲温度定义为

$$T^* = \frac{T - T_{wall}}{T_{in} - T_{wall}} \tag{7-83}$$

其中，T_{in} 和 T_{wall} 分别是入口温度和壁面温度（K）。

流道内流体流动的特性可由阻力系数和雷诺数的乘积(fRe)决定，(fRe)可由流进流出沿着通道的有限控制体积的压降获得[63]：

$$(fRe) = \left(\frac{-D_h \dfrac{dp}{dz}}{\rho w_m^2 / 2}\right)\left(\frac{\rho D_h w_m}{\mu}\right) \tag{7-84}$$

其中，w_m 是横截面的平均无量纲轴向速度，它表示为：

$$w_m = \frac{\iint w \, dA}{\iint dA} \tag{7-85}$$

其中，A 是面积（m²）。

无量纲质量平均温度定义为：

$$T_b^*(z^*) = \frac{\iint w^* T^* \, dA}{\iint w^* \, dA} \tag{7-86}$$

其中，下标"b"表示"质量平均"。

对于空气流，考虑到控制体内流动方向的能量平衡，周围局部努塞特数和平均努塞特数可由式（7-87）和式（7-88）获得[63]：

$$Nu_L = -RePr \frac{1}{4(T_{wall}^* - T_b^*)} \frac{D_h}{W} \frac{dT^*}{dz^*} \quad (7\text{-}87)$$

$$Nu_m = \frac{1}{z^*} \int_0^{z^*} Nu_L dz^* \quad (7\text{-}88)$$

3. 边界条件

在如图 7-21 所示的计算单元内，空气在椭圆纤维管间沿轴向流动，壁面（纤维管表面）的速度边界条件（无滑移）为：

$$u^* = 0, \quad v^* = 0, \quad w^* = 0 \quad (7\text{-}89)$$

温度边界条件为：

$$T_{wall} = 常数 \quad (7\text{-}90)$$

其中，纤维管表面温度（T_{wall}）设定为 330 K 的均匀温度，出口速度和温度的边界条件设定为流出条件。

入口速度和温度的边界条件为：

$$w = V_{in} = 常数, \quad T = T_{in} = 常数 \quad (7\text{-}91)$$

其中，T_{in} 设置为 300 K（T^*=1），空气在计算单元内轴向流速（V_{in}）固定不变。

计算单元的边界假设为对称边界条件，可描述为：

$$\frac{\partial \psi}{\partial n} = 0 \quad (7\text{-}92)$$

其中，ψ 是速度、压力和温度的变量。

4. 数值计算方法

如图 7-21 所示，计算单元内空气流道的横截面是比较复杂。采用贴体坐标转换法进行转换，是常用的转换复杂物理平面为规则计算区域的方法。采用有限容积法和 SIMPLEC 算法对网格内动量传递的控制方程进行求解。随后，基于获得的速度分布对能量守恒方程进行求解。收敛的无量纲流体流动方程和能量方程的残差分别小于 10^{-7} 和 10^{-8}。

如图 7-22 所示，有着填充率为 0.189 和半轴比为 0.5 的 20 根随机分布椭圆纤维管的计算单元的一部分生成一个典型的有限差分网格。进行网格的独立性测验，选择三种数量的网格，分别为 53100、112000 和 250000，前两种网格的阻力系数和努塞特数的差距为 1.02% 和 1.45%，而后两种网格的差距分别为 0.46% 和 0.51%。因此选择 112000 数量的网格来进行计算。

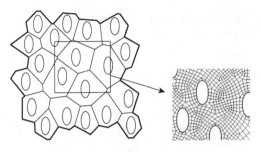

图 7-22　REHFMB 内典型的有限元网格的一部分

b/a=0.5，φ=0.189

除了网格细化的测试，还评估了计算单元内纤维管数量的影响[53]。使用 10、20、30 和 50 根纤维管来计算阻力系数和努塞特数。10 和 20 根纤维管间阻力系数和努塞特数的偏差分别为 11.01% 和 13.41%，然而 20 和 30 根纤维管间的偏差分别为 2.74% 和 1.99%，而且，使用 50 根纤维管时并没有明显的差距。因此，REHFMB 生成的计算单元内使用 20 根纤维管。

7.3.2　随机分布椭圆中空纤维膜接触器加湿实验工作

为了揭示 REHFMB 内流体流动和传热的特点，进行了基于 REHFMB 的热交换实验，然而从接触器到周围环境的热量耗散非常大（接近 15%），导致实验误差也相当大。为了解决这个问题，进行了基于 REHFMB 的空气加湿实验，如图 7-4 所示，该实验装置包括水流循环。纤维管分布为随机分布的椭圆纤维管，如图 7-23 所示，它安装在塑料外壳中成为类似于管壳式换热器的中空纤维膜接触器。接触器内椭圆纤维管的分布如图 7-21 所示。液态水在管侧流过椭圆形纤维管，而空气以逆流的方式在壳侧流动。接触器内空气和水透过膜进行热量和水蒸气的传递。纤维管是由表面覆盖液态硅胶层的 PVDF 多孔膜制成。膜选择性地仅允许水蒸气的渗透。实验中接触器的结构尺寸、膜的热物理性质和传递参数列于表 7-12 中。

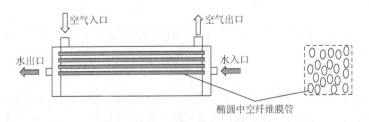

图 7-23　基于 REHFMB 的膜接触器

表 7-12　基于随机分布中空纤维膜接触器的物理尺寸和传递参数

参数名称	符号	单位	数值
y 轴方向的椭圆半轴	a	μm	1024
x 轴方向的椭圆半轴	b	μm	512
有效纤维管长	L	cm	40.0
半轴比	b/a	—	0.5
旋转角度	β	—	0°
纤维管数量	n_{fiber}	—	780
填充率	φ	—	0.189
膜厚度	δ	μm	110
水蒸气在膜内的扩散系数	D_{vm}	m²/s	1.2×10^{-6}
水蒸气在空气中的扩散系数	D_{va}	m²/s	2.82×10^{-5}

　　实验装置放在空气调节室里,因此处理空气和再生空气的湿度和温度都能手动调节。实验中使用纯净水作为加湿的媒介,水通过塑料软管被泵入接触器的管侧,然后流经管道,水在接触器进出口的温度通过热电偶测定。空气被真空气泵驱动,沿轴向在壳侧的管之间流动。显然,驱动空气和水流的泵,是测试系统中仅有的两个需要外部电源输入的组件。空气流速可通过改变空气泵的旋转速度来调节,水的流速通过旁路调节器来调节。空气和水的流速通过质量流量计测定。空气进出接触器的温度和湿度分别由安装在管道进出口的温度和湿度传感器来测量。接触器管侧和壳侧的进出口压降由电子压力计测量。实验中使用纯净水,因此水侧的传质阻力可忽略[19]。膜的内表面水蒸气浓度为饱和水蒸气浓度。为了保证纤维管壁面温度的恒定,管侧水流速设定得较高(>5.0 cm/s),因此蒸发造成的沿着纤维管的温降很小(<0.4℃)并且能忽略[19]。检查接触器的热量和水蒸气平衡。检查膜加湿器的热量和水蒸气平衡,加湿器的热量耗散约 13.7%,水蒸气耗散约 0.4%。可见,由于较大的热量耗散,传热实验难以进行,因此进行传质实验来验证数值结果。测量结果的不确定性为:温度±0.1℃;湿度±1.5%;压力±0.5 Pa,流速±0.5%,最终阻力系数、努塞特数和舍伍德数的不确定性分别为3.5%、6.9%和7.5%。

　　在测量出入口和出口的参数后,吸收器内总传质系数也能由式(7-93)获得[19]:

$$k_{tot} = \frac{Q_{in}(\omega_{in} - \omega_{out})}{A_{tot}\Delta\omega_{log}}$$

（7-93）

其中,Q_{in} 是入口空气流量(m³/s);A_{tot} 是总纤维管表面面积(m²);ω_{in} 和 ω_{out} 分别是进出口空气湿度(kg/kg)。$\Delta\omega_{log}$ 是对数平均湿度差,可由式(7-94)计算:

$$\Delta\omega_{\log} = \frac{(\omega_s - \omega_{in}) - (\omega_s - \omega_{out})}{\ln[(\omega_s - \omega_{in})/(\omega_s - \omega_{out})]} \tag{7-94}$$

其中，ω_s 是饱和空气湿度（kg/kg）。

空气侧舍伍德数可由式（7-95）计算：

$$Sh = \frac{k_a D_h}{D_{va}} \tag{7-95}$$

其中，D_{va} 是水蒸气在空气中的扩散系数（m²/s）；k_a 是壳侧的传质系数（m/s），可由式（7-96）计算：

$$\frac{1}{k_a} = \frac{1}{k_{tot}} - \frac{\delta}{D_{vm}} \tag{7-96}$$

其中，δ 是膜厚度（m）；D_{vm} 是水蒸气在膜内的扩散系数（m²/s）。

努塞特数可由舍伍德数通过奇尔顿-柯尔伯恩类比得到[19]，如下式：

$$Nu = ShLe^{1/3} \tag{7-97}$$

$$Le = \frac{Pr}{Sc} \tag{7-98}$$

$$Sc = \frac{\mu}{\rho D_f} \tag{7-99}$$

其中，Le 是刘易斯数；D_f 是扩散系数（m²/s）。

7.3.3　数学模型实验验证

实验结果可用来验证数值结果。实验中采用的 REHFMB 的几何性质列于表 7-13 中。实验获得 REHFMB 内空气轴向流动的 $(fRe)_m$ 和 Nu_m 为 99.1 和 3.2，分别与数值结果的 101.28 和 3.10 对应。实验和数值结果间的偏差较小，表明所建立的模型成功预测 REHFMB 的轴向流体流动和传热。实验验证之后，基于所建立的模型，下面将进行更充分的研究。

表 7-13　不同填充率（φ）下 REHFMB 间流体流动的充分发展 $(fRe)_C$ 和 Nu_C

φ	随机位置分布		四边形排列[45]		三角形排列[45]	
	$(fRe)_C$	Nu_C	$(fRe)_C$	Nu_C	$(fRe)_C$	Nu_C
0.141	128.21	5.14	170.49	13.50	171.08	14.43
0.189	98.65	3.15	150.56	11.13	151.36	11.34
0.310	87.01	1.92	96.05	6.37	129.54	9.65
0.400	59.58	1.55	84.44	4.04	113.88	7.29

续表

φ	随机位置分布		四边形排列[45]		三角形排列[45]	
	$(fRe)_C$	Nu_C	$(fRe)_C$	Nu_C	$(fRe)_C$	Nu_C
0.521	53.83	1.42	70.88	2.95	104.10	6.24
0.649	34.02	0.58	51.79	1.78	90.85	4.66
0.734	25.91	0.27	34.86	1.18	74.81	3.16

7.3.4 阻力系数和努塞特数分析

对于 REHFMB 间轴向流动的空气，动量和热量传递边界层在入口处为发展中状态，然后在入口很短的长度变为充分发展（约 $z = 2$ cm）。因此，局部的$(fRe)_L$和 Nu_L 在入口处相当大，然后它们迅速减小到对应的稳定值，分别表示为$(fRe)_C$和 Nu_C。REHFMB 间空气轴向流动在不同填充率下的$(fRe)_C$ 和 Nu_C 列于表 7-13 中，还列出了相同情况下四边形排列和三角形排列管束的数值以作比较。可见，旋转角度为 0 和椭圆半轴比为 0.5 时，表示椭圆纤维管的主半轴与 y 轴平行，称为位置随机分布。另外，填充率的变化范围是 0.141～0.734，这是中等的且通常出现在实际应用中。显然，填充率越大，$(fRe)_C$、Nu_C 越小。在不同填充率下，随机分布的$(fRe)_C$ 和 Nu_C 比线性分布和交错分布的分别小 24.7%～65.4%和 19.5%～91.8%。

为了进一步揭示随机分布对 REHFMB 内轴向流体流动和传热的影响，管束横截面的无量纲速度和无量纲温度等值线分别如图 7-24 和图 7-25 所示。呈现了 0.141、0.400 和 0.734 三种填充率。从图 7-24 中可见，填充率越大，纤维管分布得越密集，沿轴向流动的压降随填充率增大而增大。然而，充分发展的$(fRe)_C$ 随填充率增大而减小，这只是因为当量直径随着填充率的增大而减小。另外，无量纲速度是不均匀分布于随机分布的纤维管间的，这是因为大部分空气在大的孔内流动，同时少得多的空气在密集分布的相邻纤维管间的区域内流动。在一定程度上，这种现象导致 REHFMB 内空气流动的$(fRe)_C$ 要比规则分布（线性和交错）的小。从图 7-25 中可见，等值线在稀疏分布的区域内比在密集分布的区域内更密集。因此由于随机分布纤维管的流道现象的出现，REHFMB 内空气轴向流动的传热严重恶化了，因此随机分布的 Nu_C 要比规则分布的小。

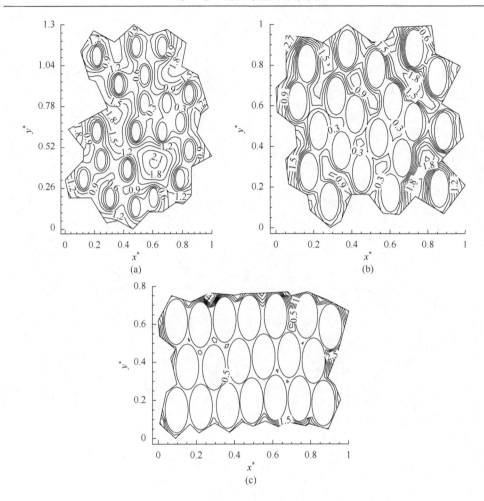

图 7-24　不同填充率（φ）下 REHFMB 的横截面无量纲速度等值线

$\beta=0°$，$b/a=0.5$；（a）$\varphi=0.141$，$z=0.15\,\mathrm{m}$；（b）$\varphi=0.400$，$z=0.15\,\mathrm{m}$；（c）$\varphi=0.734$，$z=0.15\,\mathrm{m}$

　　已经研究了随机分布在位置上的影响，为了揭示随机分布同时在位置和旋转角度上的影响，REHFMB 内空气轴向流动的 $(fRe)_C$ 和 Nu_C 列于表 7-14 中。可见，所有随机方式的 $(fRe)_C$ 和 Nu_C 都随填充率的增大而减小。对于相同的填充率，随机分布同时在位置和旋转角度上的 $(fRe)_C$ 和 Nu_C 要稍微大于或小于随机分布仅在位置上的 $(fRe)_C$ 和 Nu_C，换句话说，它们之间差距很小，这是因为随机分布单独在旋转角度上对 $(fRe)_C$ 和 Nu_C 的影响要远小于单独在位置上的影响。在不同半轴比（b/a）下纤维管束横截面的无量纲速度和温度场分别如图 7-26 和图 7-27 所示。可见，速度和温度等值线是点到点变化的，并且同时由随机分布在位置和旋转角度上的影响决定。

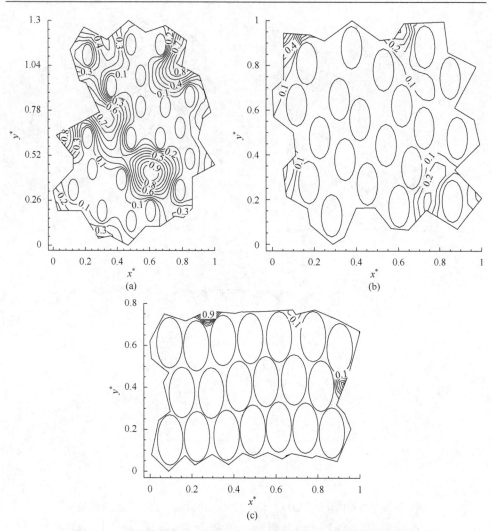

图 7-25　不同填充率（φ）下 REHFMB 的横截面无量纲温度等值线

$\beta=0°$，$b/a=0.5$；（a）$\varphi=0.141$，$z=0.15$ m；（b）$\varphi=0.400$，$z=0.15$ m；（c）$\varphi=0.734$，$z=0.15$ m

表 7-14　不同填充率下随机空间位置和随机旋转角度的 REHFMB 间流体流动的充分发展 $(fRe)_C$ 和 Nu_C

φ	随机位置和随机角度		仅随机位置	
	$(fRe)_C$	Nu_C	$(fRe)_C$	Nu_C
0.141	120.88	4.92	128.21	5.14
0.189	101.61	3.23	98.65	3.15
0.310	83.21	1.84	87.00	1.92
0.400	63.59	1.61	59.58	1.55
0.521	49.31	1.16	53.83	1.42

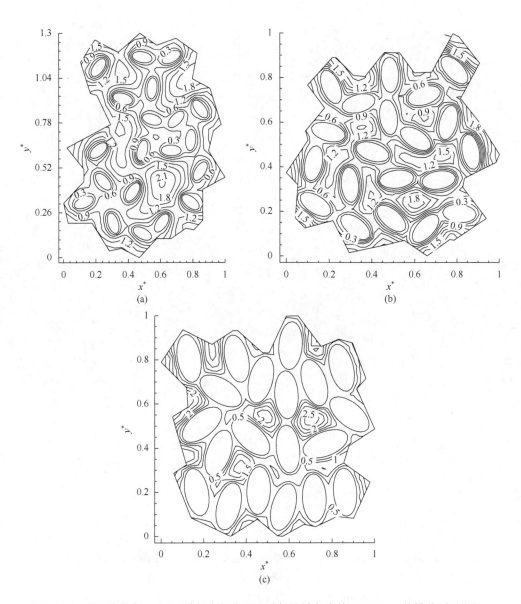

图 7-26　不同填充率（φ）下随机空间位置和随机旋转角度的 REHFMB 的横截面无量纲
速度等值线

b/a=0.5；（a）φ=0.141，z=0.15 m；（b）φ=0.310，z=0.15 m；（c）φ=0.521，z=0.15 m

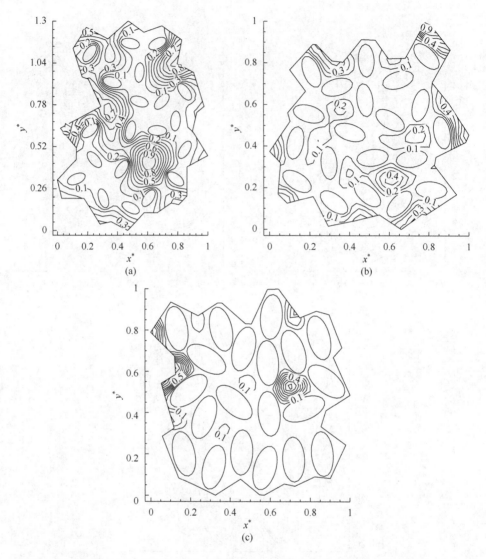

图 7-27　不同填充率（φ）下随机空间位置和随机旋转角度的 REHFMB 的横截面无量纲
温度等值线

b/a=0.5；（a）φ=0.141，z=0.15 m；（b）φ=0.310，z=0.15 m；（c）φ=0.521，z=0.15 m

在不同椭圆半轴比下，REHFMB 间空气轴向流动在充分发展下的$(fRe)_C$ 和 Nu_C 列于表 7-15 中。可见，当椭圆半轴比在 0.5～2.0 时，随机分布纤维管束的 $(fRe)_C$ 和 Nu_C 分别比规则分布的要小 31%和 72%。对于随机分布的纤维管束，当半轴比从 0.5 上升到 2.0 时，$(fRe)_C$ 和 Nu_C 都先增大后减小，而且，当半轴比为

1.0 时，它们达到最大值。为了表示 REHFMB 内的速度和温度场，在三个半轴比下纤维管束横截面的无量纲速度和温度等值线分别如图 7-28 和图 7-29 所示。可见，当半轴比为 1.0 时，椭圆纤维管实际上是圆形纤维管，在这种情况下流体流动是最均匀的，这使得压降最大且最多纤维管表面得到充分利用。因此，当半轴比为 1.0 时 $(fRe)_C$ 和 Nu_C 都为最大值。相反，当半轴比小于或大于 1.0 时，随机分布的椭圆纤维管使流体流动和传热都更加不均匀，结果导致 $(fRe)_C$ 和 Nu_C 都减小。

表 7-15　不同椭圆半轴比（b/a）下 REHFMB 间流体流动的充分发展 $(fRe)_C$ 和 Nu_C
（φ=0.189，β=0°）

b/a	随机位置分布		四边形排列[45]		三角形排列[45]	
	$(fRe)_C$	Nu_C	$(fRe)_C$	Nu_C	$(fRe)_C$	Nu_C
0.5	98.65	3.15	150.56	11.13	151.36	11.34
0.6	103.14	3.32	151.14	11.24	151.72	11.59
0.7	108.44	3.47	157.55	12.12	161.26	12.67
0.9	108.52	3.52	159.44	12.51	165.70	13.45
1.0	108.77	3.52	161.58	12.68	166.13	13.54
1.2	101.21	3.36	160.88	12.43	167.18	13.96
1.5	100.30	3.27	160.50	12.29	170.19	14.41
1.8	94.42	3.09	151.44	11.36	166.28	13.81
2.0	91.58	2.99	150.12	11.10	165.63	13.35

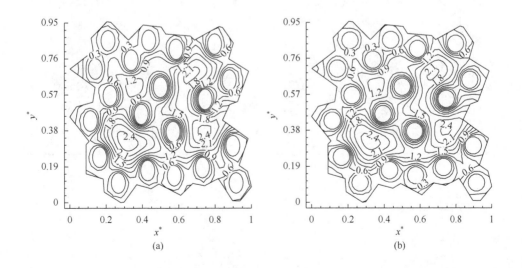

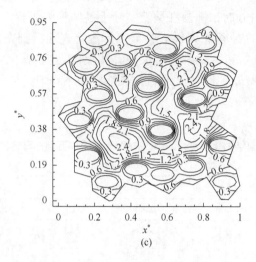

(c)

图 7-28 不同椭圆半轴比（b/a）下 REHFMB 的横截面无量纲速度等值线

φ=0.189，β=0°；（a）b/a=0.7，z=0.30 m；（b）b/a=1.0，z=0.30 m；（c）b/a=2.0，z=0.30 m

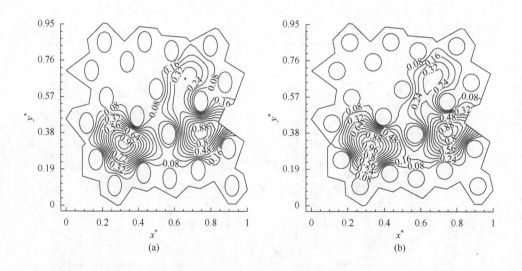

(a)   (b)

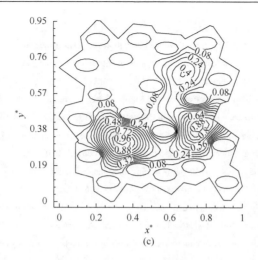

图 7-29　不同椭圆半轴比（b/a）下 REHFMB 的横截面无量纲温度等值线

φ=0.189，β=0°：（a）b/a=0.7，z=0.30 m；（b）b/a=1.0，z=0.30 m；（c）b/a=2.0，z=0.30 m

参 考 文 献

[1]　Cave P，Merida W. Water flux in membrane fuel cell humidifiers：Flow rate and channel location effects. Journal of Power Sources，2008，175：408-418.

[2]　Kadylak D，Cave P，Merida W. Effectiveness correlations for heat and mass transfer in membrane humidifiers. International Journal of Heat and Mass Transfer，2009，52：1504-1509.

[3]　Kadylaka D，Merida W. Experimental verification of a membrane humidifier model based on the effectiveness method. Journal of Power Sources，2010，195：3166-3175.

[4]　Zhang L Z. Coupled heat and mass transfer in an application-scale cross-flow hollow fiber membrane module for air humidification. International Journal of Heat and Mass Transfer，2012，55：5861-5869.

[5]　Huang S M，Zhang L Z，Tang K，et al. Turbulent heat and mass transfer across a hollow fiber membrane contactor in liquid desiccant air dehumidification. Journal of Heat Transfer-Transactions of the ASME，2012，134：082001-1-10.

[6]　Li J L，Ito A. Dehumidification and humidification of air by surface-soaked liquid membrane contactor with triethylene glycol. Journal of Membrane Science，2008，325：1007-1012.

[7]　Vali A，Simonson C J，Besant R W，et al. Numerical model and effectiveness correlations for a run-around heat recovery system with combined counter and cross flow exchangers. International Journal of Heat and Mass Transfer，2009，52：5827-5840.

[8]　Mahmud K，Mahmood G I，Simonson C J，et al. Performance testing of a counter-cross-flow run-around membrane energy exchanger（RAMEE）system for HVAC applications. Energy and Buildings，2010，42：1139-1147.

[9]　Zhang L Z，Huang S M，Pei L X. Conjugate heat and mass transfer in a cross-flow hollow fiber membrane contactor for liquid desiccant air dehumidification. International Journal of Heat and Mass Transfer，2012，55：

8061-8072.

[10]　Zhang L Z, Li Z X, Zhong T S, et al. Flow maldistribution and performance deteriorations in a cross flow hollow fiber membrane module for air humidification. Journal of Membrane Science, 2013, 427: 1-9.

[11]　Incropera F P, Dewitt D P. Introduction to Heat Transfer. third ed. New York: John Wiley and Sons, 1996.

[12]　Kays W M, Crawford M E. Convective Heat and Mass Transfer. 3rd Edition. New York: McGraw-Hill, 1990.

[13]　Shah R K, London A L. Laminar Flow Forced Convection in Ducts. New York: Academic Press Inc, 1978.

[14]　Zhang L Z. Heat and mass transfer in a cross-flow membrane-based enthalpy exchanger under naturally formed boundary conditions. International Journal of Heat and Mass Transfer, 2007, 50: 151-162.

[15]　Zhang L Z. Heat and mass transfer in plate-fin sinusoidal passages with vapor-permeable wall materials. International Journal of Heat and Mass Transfersf, 2008, 51: 618-629.

[16]　Zhang L Z. Thermally developing forced convection and heat transfer in rectangular plate-fin passages under uniform plate temperature. Numerical Heat Transfer, Part A—Applications, 2007, 52 (6): 549-564.

[17]　Zhang L Z. Laminar flow and heat transfer in plate-fin triangular ducts in thermally developing entry region, Int. International Journal of Heat and Mass Transfer, 2007, 50: 1637-1640.

[18]　Silverman J H. The Arithmetic of Elliptic Curves. 2nd Edition. German: Springer, 2009.

[19]　Zhang L Z. Heat and mass transfer in a randomly packed hollow fiber membrane module: A fractal model approach. International Journal of Heat and Mass Transfer, 2011, 54: 2921-2931.

[20]　Zhang L Z, Xiao F. Simultaneous heat and moisture transfer through a composite supported liquid membrane. International Journal of Heat and Mass Transfer, 2008, 51: 2179-2189.

[21]　Sparrow E M, Loeffler A L. Longitudinal laminar flow between cylinders arranged in regular array. AIChE Journal, 1959, 325: 5.

[22]　Miyatake O, Iwashita H. Laminar-flow heat transfer to a fluid flowing axially between cylinders with a uniform surface temperature. International Journal of Heat and Mass Transfer, 1990, 33: 417-425.

[23]　Liang C H, Zhang L Z, Pei L X. Independent air dehumidification with membrane-based total heat recovery: Modeling and experimental validation. International Journal of Refrigeration, 2010, 33: 398-408.

[24]　Liu X H, Jiang Y, Qu K Y. Heat and mass transfer model of cross-flow liquid desiccant air dehumidifier/regenerator. Energy Conversion and Management, 2007, 48: 546-554.

[25]　Xiao F, Ge G M, Niu X F. Control performance of a dedicated outdoor air system adopting liquid desiccant dehumidification. Applied Energy, 2011, 88: 143-149.

[26]　Xiong Z Q, Dai Y J, Wang R Z. Investigation on a two-stage solar liquid-desiccant dehumidi-fication system assisted by $CaCl_2$ solution. Applied Thermal Engineering, 2009, 29: 1209-1215.

[27]　Zhang L Z. Total heat recovery: Heat and moisture recovery from ventilation air. New York: Nova Science Publishers Inc, 2008.

[28]　Larson M D, Simonson C J, Besan R W. The elastic and moisture transfer properties of polyethylene and polypropylene membranes for use in liquid-to-air energy exchangers. Journal of Membrane Science, 2007, 302: 136-149.

[29]　Bergero S, Chiari A. Experimental and theoretical analysis of air humidification/dehumidification processes using hydrophobic capillary contactors. Applied Thermal Engineering, 2001, 21: 1119-1135.

[30]　Kneifel K, Nowak S, Albrecht W, et al. Hollow fiber membrane contactor for air humidity control. Journal of Membrane Science, 2006, 276: 241-251.

[31] Zhang L Z. An analytical solution to heat and mass transfer in hollow fiber membrane contactors for liquid desiccant air dehumidification. Journal of Heat Transfer-Transactions of the Asme，2011，133：092001-1-8.

[32] Zhang L Z. Progress on heat and moisture recovery with membranes：From fundamentals to engineering applications. Energy Conversion and Management，2012，63：173-195.

[33] Zhang L Z，Huang S M，Tang K，et al. Conjugate heat and mass transfer in a hollow fiber membrane contactor for liquid desiccant air dehumidification：A free surface model approach. International Journal of Heat and Mass Transfer，2012，55：3789-3799.

[34] Miyatake O. Laminar-flow heat transfer to a fluid flowing axially between cylinders with a uniform wall heat flux. International Journal of Heat and Mass Transfer，1990，34：322-327.

[35] Patil K R，Tripathi A D，Pathak G，et al. Thermodynamic properties of aqueous electrolyte solutions.1. Vapor pressure of aqueous solutions of LiCl，LiBr，and LiI. Journal of Chemical and Engineering Data，1990，35：166-168.

[36] Antonopoulos K A. Heat transfer in tube banks under conditions of turbulent inclined flow. International Journal of Heat and Mass Transfer，1985，28：1645-1656.

[37] Zhang X R，Zhang L Z，Liu H M，et al. One-step fabrication and analysis of an asymmetric cellulose acetate membrane for heat and moisture recovery. Journal of Membrane Science，2011，366：158-165.

[38] Gabelman A，Hwang S. Hollow fiber membrane contactors. Journal of Membrane Science，1999，159：61-106.

[39] Zhang L Z，Liang C H，Pei L X. Conjugate heat and mass transfer in membrane-formed channels in all entry regions. International Journal of Heat and Mass Transfer，2010，53：815-824.

[40] Abdel-Salam M R H，Fauchoux M，Ge G，et al. Expected energy and economic benefits，and environmental impacts for liquid-to-air membrane energy exchangers（LAMEEs）in HVAC systems：A review. Applied Energy，2014，127：202-218.

[41] Ryan H，Merida W，Ko F. Impregnated electrospun nanofibrous membranes for water vapour transport applications. Journal of Membrane Science，2014，461：146-160.

[42] Ge G，Mahmood G I，Moghaddam D G，et al. Material properties and measurements for semi-permeable membranes used in energy exchangers. Journal of Membrane Science，2014，453：328-336.

[43] Woods J. Membrane processes for heating，ventilation，and air conditioning. Renewable and Sustainable Energy Reviews，2014，33：290-304.

[44] Samimi A，Mousavi S A，Moallemzadeh A，et al. Preparation and characterization of PES and PSU membrane humidifiers. Journal of Membrane Science，2011，383：197-205.

[45] Huang S M，Yang M. Longitudinal fluid flow and heat transfer between an elliptical hollow fiber membrane tube bank used for air humidification. Applied Energy，2013，112：75-82.

[46] Huang S M，Yang M，Yang Y，et al. Fluid flow and heat transfer across an elliptical hollow fiber membrane tube bank for air humidification. International Journal of Thermal Sciences，2013，73：28-37.

[47] Huang S M，Yang M. Heat and mass transfer enhancement in a cross-flow elliptical hollow fiber membrane contactor used for liquid desiccant air dehumidification. Journal of Membrane Science，2014，449：184-192.

[48] Huang S M，Qin G F，Yang M，et al. Heat and mass transfer deteriorations in an elliptical hollow fiber membrane tube bank for liquid desiccant air dehumidification. Applied Thermal Engineering，2013，57：90-98.

[49] Wang K L，McCray S H，Newbold D D，et al. Hollow fiber air drying. Journal of Membrane Science，1992，72：231-244.

[50] Lipscomb G G, Sonalkar S. Sources of non-ideal flow distribution and their effect on the performance of hollow fiber gas separation modules. Separation and Purification Reviews, 2004, 33: 41-76.

[51] Chen H, Cao C, Xu L L, et al. Experimental velocity measurements and effect of flow maldistribution on predicted permeator performances. Journal of Membrane Science, 1998, 139: 259-268.

[52] Wickramasinghe S R, Semmens M J, Cussler E L. Mass transfer in various hollow fiber geometries. Journal of Membrane Science, 1992, 69: 235-250.

[53] Bao L, Liu B, Lipscomb G G. Entry mass transfer in axial flows through randomly packed fiber bundles. AIChE Journal, 1999, 45: 2346.

[54] Lipscomb G G, Bao L. Effect of random fiber packing on the performance of shell side hollow-fiber gas separation modules. Desalination, 2002, 146: 243-248.

[55] Bao L, Lipscomb G G. Mass transfer in axial flows through randomly packed fiber bundles with constant wall concentration. Journal of Membrane Science, 2002, 204: 207-220.

[56] Wang Y J, Chen F, Wang Y, et al. Effect of random packing on shell-side flow and mass transfer in hollow fiber module described by normal distribution function. Journal of Membrane Science, 2003, 216: 81-93.

[57] Wu J, Chen V. Shell-side mass transfer performance of randomly packed hollow fiber modules. Journal of Membrane Science, 2000, 172: 59.

[58] Zhang L Z. An analytical solution for heat mass transfer in a hollow fiber membrane based air-to-air heat mass exchanger. Journal of Membrane Science, 2010, 360: 217-225.

[59] Sheppard W. On the application of the theory of error to cases of normal distribution and normal correlation. Philosophical Transactions of the Royal Society of London, 1899, 192: 101-531.

[60] Box G E P, Muller M E. A note on the generation of random normal deviates. Annals of Mathematical Statistics, 1958, 29: 610-611.

[61] Luby M. Pseudorandomness and cryptographic applications. Princeton: Princeton University Press, 1996.

[62] Zhang L Z. Heat and mass transfer in a quasi-counter flow membrane-based total heat exchanger. International Journal of Heat and Mass Transfer, 2010, 53: 5478-5486.

[63] Zhang L Z. Heat and mass transfer in plate-fin enthalpy exchangers with different plate and fin materials. International Journal of Heat and Mass Transfer, 2009, 52: 2704-2713.

第8章　错流中空纤维膜流道

8.1　错流椭圆中空纤维膜流道：自由表面模型

中空纤维膜接触器（HFMC）广泛用于液体除湿[1-6]。空气和液体吸湿剂被半透膜隔开，半透膜仅允许水蒸气透过而阻止液体溶液和其他不需要的气体透过[7, 8]，因此完全防止了对室内环境非常有害的液滴夹带。

HFMC 被设计并由一系列的椭圆中空纤维管填充在壳体中装配而成，它类似于传统的金属管壳式换热器。管内形成管侧，纤维管间的空间形成壳侧。液体吸湿剂在管侧流动，空气在壳侧以错流方式流动。为了节约能源和控制经济成本，强化 HFMC 内热量和质量传递是有效的方法。而且，在没有其他辅助加强翅片和部件时，将圆形横截面中空纤维管转换为椭圆横截面中空纤维管将是一个很好的选择[9]。因此，设计出如图 8-1 所示的椭圆中空纤维膜接触器（EHFMC）用于液体吸湿剂空气除湿，椭圆中空纤维膜管束被装在壳体内。处理空气在椭圆纤维管间流过，而溶液在管内流动。

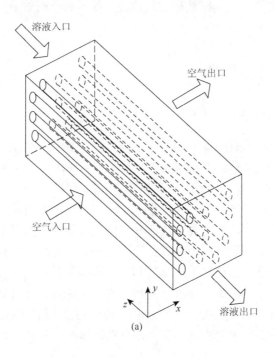

(a)

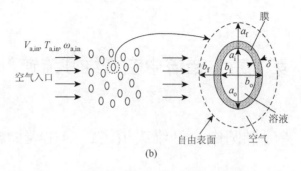

图 8-1　错流椭圆中空纤维膜接触器（EHFMC）

(a) 接触器的外壳和管道结构；(b) 计算单元的自由表面

　　EHFMC 的结构类似于椭圆管道的错流管壳式换热器。本章主要研究 EHFMC 的传热和传质。EHFMC 内的传递现象还未得到充分研究，这是因为空气和溶液通过膜产生共轭，膜表面边界条件既不是等值（温度或浓度）也不是等梯度（热流密度或湿扩散）条件。这是一个共轭问题，而且，在共轭边界条件下传热传质强化的研究之前还没被提及。

　　本章的创新点在于采用 Happel 自由表面模型研究了 EHFMC 内流体流动和共轭传热传质。建立计算单元内动量、热量和质量传递的控制方程，并在共轭传热传质边界条件下进行数值求解，计算阻力系数、努塞特数和舍伍德数并进行实验验证，与 HFMC 内的这些基础数据进行比较，揭示和分析 EHFMC 用于液体除湿的传热传质强化。

8.1.1　自由表面数学模型

1. 流动与传热传质控制方程

　　如图 8-1 所示，错流的 EHFMC 用于液体吸湿剂空气除湿。空气和溶液分别在壳侧和管侧流动，它们处于错流布置。为了揭示 EHFMC 内的传递现象，选择整个椭圆纤维管束为计算区域可能是最精确的方法，然而，在一个横截面为 10 cm×10 cm 的接触器内常常有 500～3000 根椭圆纤维管，因此直接对整个纤维管束进行计算是非常困难的，而且这种方法计算强度大且费时。为了解决这个问题，使用了 Happel 自由表面模型[10, 11]。即使这种方法是理想的和粗糙的，但是它常常被用来预测管束的流体流动和传热传质[10, 11]。根据这种方法，管束被视为有一系列光滑自由表面的单元组成。有单个椭圆纤维管在中间，并且被一个假想的椭圆形状的空气层包围着。单元填充率的范围是 0.0～1.0，与接触器整个管束的填充率相等。在具有外自由表面的单元里，外自由表面在 y 轴和 x 轴方向的椭圆半轴可由式（8-1）获得[10, 11]：

$$a_f = a_o\left(\frac{1}{\varphi}\right)^{1/2}, \quad b_f = a_f\frac{b_o}{a_o} \tag{8-1}$$

其中，a_o 和 b_o 分别是纤维管外表面在 y 轴和 x 轴方向的椭圆半轴（m）；φ 是接触器填充率，可由式（8-2）计算：

$$\varphi = \frac{n_{fiber}\pi a_o b_o}{WH} \tag{8-2}$$

其中，n_{fiber} 是纤维管数量；W 是接触器壳体宽度（m）；H 是接触器壳体高度（m）。

在 EHFMC 里，空气和溶液是处于错流布置的。由于所选单元的对称性和模拟过程的简便，只选择单元的一半为计算区域。单元的坐标系如图 8-2（a）所示，可见，溶液沿 z 轴方向流进椭圆流道，空气沿 x 轴方向流过椭圆纤维管。空气流以均匀速度 $V_{a,in}$、均匀温度 $T_{a,in}$ 和均匀湿度 $\omega_{a,in}$ 接近椭圆纤维管[1-3]。

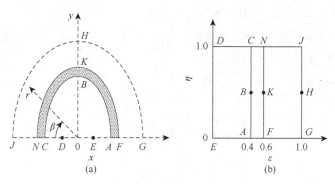

图 8-2　EHFMC 计算区域的坐标系

（a）物理平面；（b）计算平面

空气和溶液的流动被假设为层流，这是合理的，因为在实际应用中两股流的雷诺数都相当小（<300）[1]，并做了以下假设：

（1）假设流体的热物理性质（密度、黏度、导热系数和比热容等）是恒定的[12]。

（2）假设空气流是二维的，这是因为与椭圆半轴（约 600 μm）相比，纤维管长度（L=30 cm）长得多，这个假设意味着空气（速度、温度和湿度）只在 x 轴和 y 轴方向有变化而独立于 z 轴[10, 11]。

（3）溶液流被认为是水动力上充分发展的，热力学和浓度上正在发展[13, 14]。

（4）当佩克莱数大于 10 时，与主流方向上的能量传递和质量传递相比，空气和溶液流的导热和质量扩散可忽略[15, 16]。

对于单根椭圆纤维管外的空气流（空气侧），它的控制方程是由连续性方程、纳维-斯托克斯方程、能量和质量守恒方程组成，它们的无量纲形式可写为[2, 3]：

$$\frac{\partial u_x^*}{\partial x^*} + \frac{\partial u_y^*}{\partial y^*} = 0 \tag{8-3}$$

$$u_x^* \frac{\partial u_x^*}{\partial x^*} + u_y^* \frac{\partial u_x^*}{\partial y^*} = -\frac{1}{2}\frac{\partial P_a^*}{\partial x^*} + \frac{D_{h,a}}{a_f}\frac{1}{Re_a}\left(\frac{\partial^2 u_x^*}{\partial x^{*2}} + \frac{\partial^2 u_x^*}{\partial y^{*2}}\right) \tag{8-4}$$

$$u_x^* \frac{\partial u_y^*}{\partial x^*} + u_y^* \frac{\partial u_y^*}{\partial y^*} = -\frac{1}{2}\frac{\partial P_a^*}{\partial y^*} + \frac{D_{h,a}}{a_f}\frac{1}{Re_a}\left(\frac{\partial^2 u_y^*}{\partial x^{*2}} + \frac{\partial^2 u_y^*}{\partial y^{*2}}\right) \tag{8-5}$$

$$u_x^* \frac{\partial T_a^*}{\partial x^*} + u_y^* \frac{\partial T_a^*}{\partial y^*} = \frac{D_{h,a}}{a_f}\frac{1}{Re_a Pr_a}\left(\frac{\partial^2 T_a^*}{\partial x^{*2}} + \frac{\partial^2 T_a^*}{\partial y^{*2}}\right) \tag{8-6}$$

$$u_x^* \frac{\partial \omega_a^*}{\partial x^*} + u_y^* \frac{\partial \omega_a^*}{\partial y^*} = \frac{D_{h,a}}{a_f}\frac{1}{Re_a Pr_a}\left(\frac{\partial^2 \omega_a^*}{\partial x^{*2}} + \frac{\partial^2 \omega_a^*}{\partial y^{*2}}\right) \tag{8-7}$$

其中，下标 "x"、"y" 和 "a" 分别表示 x 轴、y 轴和空气流；上标 "$*$" 表示无量纲形式；p 是压力（Pa）；u 是速度（m/s）；T^* 和 ω^* 分别是无量纲温度和湿度；Re、Pr 和 Sc 分别是雷诺数、普朗特数和施密特数。

对于在纤维管流道内的溶液流（溶液侧），动量、热量和质量传递的无量纲控制方程可写为[17]：

$$\frac{\partial^2 u_s^*}{\partial x^{*2}} + \frac{\partial^2 u_s^*}{\partial y^{*2}} = -\frac{a_f^2}{D_{h,s}^2} \tag{8-8}$$

$$\frac{\partial^2 T_s^*}{\partial x^{*2}} + \frac{\partial^2 T_s^*}{\partial y^{*2}} = U_s \frac{\partial T_s^*}{\partial z_{h,s}^*} \tag{8-9}$$

$$\frac{\partial^2 X_s^*}{\partial x^{*2}} + \frac{\partial^2 X_s^*}{\partial y^{*2}} = U_s \frac{\partial X_s^*}{\partial z_{m,s}^*} \tag{8-10}$$

其中，下标 "s" 表示溶液；X_s^* 是溶液的无量纲质量分数。

空气流在 x 轴和 y 轴方向的无量纲速度为：

$$u_x^* = \frac{u_x}{V_{a,in}}, \quad u_y^* = \frac{u_y}{V_{a,in}} \tag{8-11}$$

空气流的雷诺数为[10, 11]：

$$Re_a = \frac{\rho_a V_{a,in} D_{h,a}}{\mu_a} \tag{8-12}$$

其中，ρ 是密度（kg/m³）；μ 是动力黏度（Pa·s）；$D_{h,a}$（$=2a_o$）是空气流道的当量直径（m）[9]。

空气流的无量纲压力定义为：

$$P_a^* = \frac{2P_a}{\rho_a V_{a,in}^2} \tag{8-13}$$

溶液流的无量纲速度定义为：

$$u_s^* = -\frac{\mu_s u_s}{D_{h,s}^2 \, \mathrm{d}p_s / \mathrm{d}z} \tag{8-14}$$

其中，$D_{h,s}$ 是溶液流道的当量直径（m），它可由式（8-15）获得：

$$D_{h,s} = \frac{4\pi a_i b_i}{P_{wet}} \tag{8-15}$$

其中，a_i 和 b_i 分别是 y 轴和 x 轴方向纤维管内表面的椭圆半轴长（m）；P_{wet} 是溶液流道的湿周长（m）。

无量纲温度定义为：

$$T^* = \frac{T - T_{a,in}}{T_{s,in} - T_{a,in}} \tag{8-16}$$

其中，$T_{s,in}$ 是溶液入口温度（K）。

无量纲湿度定义为：

$$\omega^* = \frac{\omega - \omega_{a,in}}{\omega_{s,in} - \omega_{a,in}} \tag{8-17}$$

其中，$\omega_{a,in}$ 是空气入口湿度（kg/kg），$\omega_{s,in}$ 是空气在溶液入口温度（$T_{s,in}$）和入口质量分数（$X_{s,in}$）下的平衡湿度，这可由液体吸湿剂表面的水蒸气分压获得[18, 19]。

溶液的无量纲质量分数定义为：

$$X^* = \frac{X - X_{e,in}}{X_{s,in} - X_{e,in}} \tag{8-18}$$

其中，$X_{s,in}$ 是溶液入口的质量分数（kg/kg）；$X_{e,in}$ 是溶液在空气入口温度（$T_{a,in}$）和入口湿度（$\omega_{a,in}$）下的平衡质量分数。

无量纲坐标定义为：

$$x^* = \frac{x}{a_f}, \quad y^* = \frac{y}{a_f} \tag{8-19}$$

$$z_{h,s}^* = \frac{z}{Re_s Pr_s D_{h,s}}, \quad z_{m,s}^* = \frac{z}{Re_s Sc_s D_{h,s}} \tag{8-20}$$

式（8-9）和式（8-10）中的无量纲速度系数（U_s）定义为：

$$U_s = \frac{u_s^*}{u_m^*} \frac{a_f^2}{D_{h,s}^2} \tag{8-21}$$

其中，u_m^* 是横截面平均无量纲速度，可由式（8-22）获得：

$$u_m^* = \frac{\iint u^* \mathrm{d}A}{\iint \mathrm{d}A} \tag{8-22}$$

其中，A 是横截面的面积。

椭圆流道内溶液的流动特性一般不会单独用阻力系数来描述，然而常常采用阻力系数和雷诺数的乘积，定义如下：

$$(fRe)_s = \left(\frac{-D_h \mathrm{d}p / \mathrm{d}z}{\rho u_m^2 / 2} \right)_s \left(\frac{\rho D_h u_m}{\mu} \right)_s = \left(\frac{2}{u_m^*} \right)_s \tag{8-23}$$

空气流过椭圆纤维管的总阻力系数（C_D）是压力阻力系数（C_{Dp}）和摩擦阻力系数（C_{Df}）的总和，压力阻力系数为[10, 11]：

$$C_{Dp} = \int_0^\pi (p_a^*)_{\mathrm{surface,a}} \cos\beta \mathrm{d}\beta \tag{8-24}$$

摩擦阻力系数为[10, 11]：

$$C_{Df} = \left(\frac{2D_h}{r_f} \frac{1}{Re} \right)_a \int_0^\pi \left(\frac{\partial u_\beta^*}{\partial n} \right)_{\mathrm{surface,a}} \sin\beta \mathrm{d}\beta \tag{8-25}$$

其中，下标"β"和"surface，a"分别表示切向和空气侧的纤维管膜表面；n 是边界的法线方向。

溶液轴向的局部努塞特数和舍伍德数为[20, 21]：

$$Nu_{L,s} = -\frac{1}{4(T_{\mathrm{wall,s}}^* - T_{b,s}^*)} \frac{\mathrm{d}T_{b,s}^*}{\mathrm{d}z_{h,s}^*} \tag{8-26}$$

$$Sh_{L,s} = -\frac{1}{4(X_{\mathrm{wall,s}}^* - X_{b,s}^*)} \frac{\mathrm{d}X_{b,s}^*}{\mathrm{d}z_{m,s}^*} \tag{8-27}$$

其中，下标"wall"和"b"分别表示"壁面平均"和"质量平均"，质量平均值（温度、湿度和浓度）是垂直于流体流动方向的横截面的质量加权值，可在参考文献[1-3]中查阅。

对于溶液流，纤维管长的总平均努塞特数和舍伍德数为[20, 21]：

$$Nu_{m,s} = \frac{1}{z_{h,s}^*} \int_0^{z_{h,s}^*} Nu_{L,s} \mathrm{d}z_{h,s}^* \tag{8-28}$$

$$Sh_{m,s} = \frac{1}{z_{m,s}^*} \int_0^{z_{m,s}^*} Sh_{L,s} \mathrm{d}z_{m,s}^* \tag{8-29}$$

空气在切线位置流过单根椭圆纤维管的角度局部努塞特数和舍伍德数为[20, 21]：

$$Nu_{\beta,a} = -\frac{D_{h,a}}{a_f} \frac{(\partial T_a^* / \partial n)_{\mathrm{surface,a}}}{T_{\mathrm{wall,a}}^* - T_{b,a}^*} \tag{8-30}$$

$$Sh_{\beta,a} = -\frac{D_{h,a}}{a_f} \frac{(\partial \omega_a^* / \partial n)_{\mathrm{surface,a}}}{\omega_{\mathrm{wall,a}}^* - \omega_{b,a}^*} \tag{8-31}$$

对应空气流，流过纤维管的总平均努塞特数和舍伍德数为：

$$Nu_{m,a} = \frac{1}{\pi} \int_0^\pi Nu_{\beta,a} \mathrm{d}\beta \tag{8-32}$$

$$Sh_{m,a} = \frac{1}{\pi} \int_0^\pi Sh_{\beta,a} \mathrm{d}\beta \tag{8-33}$$

传热的柯尔伯恩 j 因子可由式（8-34）计算[22]：

$$j_h = \frac{Nu}{RePr^{1/3}} \tag{8-34}$$

2. 边界条件

应用适体坐标转换技术将物理平面转换为矩形计算平面[1-3]。转换过程描绘在图 8-2（b）和（c）中。ABCDEA、NKFABCN 和 FGHJNKF 分别表示溶液、膜和错流的空气。

空气和溶液的速度边界条件为[2, 3]：

FKN $\qquad\qquad\qquad u_x^* = 0, \quad u_y^* = 0 \tag{8-35}$

GHJ $\qquad\qquad\qquad u_r^* = -\cos\beta, \quad \tau_\beta = 0 \tag{8-36}$

ABC $\qquad\qquad\qquad u_s^* = 0 \tag{8-37}$

其中，下标"r"表示半径方向；τ 是剪切应力（Pa）。

空气的入口条件[2, 3]：

GHJ $\qquad\qquad\qquad T_a^* = 0, \quad \omega_a^* = 0 \tag{8-38}$

溶液的入口条件：

$$z_{h,s}^* = 0, \quad T_s^* = 0 \tag{8-39}$$

$$z_{m,s}^* = 0, \quad X_s^* = 0 \tag{8-40}$$

对称的边界条件：

JN,CD,DE,EA,GF $\qquad\qquad \frac{\partial \psi}{\partial n} = 0 \tag{8-41}$

其中，ψ 是变量（如压力、速度、温度、湿度或质量分数）；n 是法线方向。

当液体吸湿剂吸收水蒸气时，吸收热在膜表面和溶液表面之间的界面上释放[1-3]。空气和溶液之间膜表面的无量纲热量平衡方程为：

$$\lambda^* \frac{\partial T_a^*}{\partial n}\bigg|_{surface,a} + h_{abs}^* \frac{\partial \omega_a^*}{\partial n}\bigg|_{surface,a} = \frac{\partial T_s^*}{\partial n}\bigg|_{surface,s} \tag{8-42}$$

其中，无量纲吸收热和无量纲导热系数定义为：

$$h_{abs}^* = \frac{\rho_a D_{va} h_{abs}}{\lambda_s} \left(\frac{\omega_{s,in} - \omega_{a,in}}{T_{s,in} - T_{a,in}} \right) \tag{8-43}$$

$$\lambda^* = \frac{\lambda_a}{\lambda_s} \tag{8-44}$$

其中，h_{abs} 是吸收热（kJ/kg）；D_{va} 是水蒸气空气中的扩散系数（m²/s）。

空气和溶液侧膜表面的热流量为：

$$q_{\mathrm{h}} = -\lambda \frac{\partial T}{\partial n}\bigg|_{\mathrm{surface}} \tag{8-45}$$

其中，下标"surface"表示空气或溶液侧的膜表面。

膜表面的传质边界条件可描述为：

$$\text{空气侧，} q_{\mathrm{m,a}} = m_{\mathrm{v}}; \quad \text{溶液侧，} q_{\mathrm{m,s}} = m_{\mathrm{v}} \tag{8-46}$$

其中，m_{v}是通过膜的水蒸气流量，它由式（8-47）计算求得[23]：

$$m_{\mathrm{v}} = \rho_{\mathrm{a}} D_{\mathrm{vm}} \frac{\omega_{\mathrm{surface,a}} - \omega_{\mathrm{surface,s}}}{\delta} \tag{8-47}$$

其中，D_{vm}是水蒸气在膜内的扩散系数（m^2/s）；δ是膜厚度（m）。

另外，膜表面空气侧和溶液侧的水蒸气流量还可由式（8-48）获得：

$$q_{\mathrm{m,a}} = -\rho_{\mathrm{a}} D_{\mathrm{va}} \frac{\partial \omega_{\mathrm{a}}}{\partial n}\bigg|_{\mathrm{surface,a}}, \quad q_{\mathrm{m,s}} = -\rho_{\mathrm{s}} D_{\mathrm{ws}} \frac{\partial X_{\mathrm{s}}}{\partial n}\bigg|_{\mathrm{surface,s}} \tag{8-48}$$

其中，D_{ws}是水蒸气在溶液中的扩散系数（m^2/s）。

3. 数值求解过程

由于流体流动的管道结构非常复杂，所以使用适体坐标转换法将物理平面转换为矩形计算平面[24]。如图 8-2（b）所示的物理平面包含半个椭圆环（空气层）和半个椭圆（溶液流）。数值平面如图 8-2（c）所示，物理平面的 *ABCDEA* 和 *FGNJNKF* 分别被转换为数值平面的矩形 *ABCDEA* 和 *FGNJNKF*。膜表面（*ABC* 和 *FKN*）的空气和溶液流强烈共轭。

将控制式（8-3）～式（8-10）转换到计算区域，并使用有限容积法进行离散[24]。纳维-斯托克斯方程对流项采用 QUICKER 离散格式[25]。用 SIMPLE 算法对速度和压力进行耦合[25]。由于空气、膜、溶液间强烈的相互作用，和温度、浓度间紧密的关系，使用了 ADI（交替方向隐式）法求解这些偏微分方程，详细的求解过程在参考文献[1-4]有所描述。

为了确保计算结果的准确性，进行网格独立测试以优化网格的尺寸。测试表明 *x-y* 平面上 31×31、*z* 轴上 51 的网格对于数值准确性是足够的，因为它与 51×51×81 的网格相比，阻力系数、努塞特数和舍伍德数的偏差小于 1.0%。

8.1.2　错流中椭圆中空纤维膜接触器除湿实验测试工作

如前所述，错流 EHFMC 被提出并用于液体除湿技术中，如图 5-3 所示，设计并建造了一种包含除湿器、再生器和基于连续膜的液体除湿系统，可见，系统中包含两个 EHFMC，如图 8-3 所示，它们的结构是相同的，一个用于除湿，另一个用于再生溶液，前者称为除湿器，后者称为再生器。除湿溶液流进除湿器前被冷水冷却，除湿液流进再生器前要在不锈管壳式换热器内被热水加热。

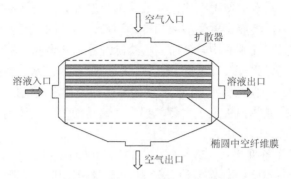

图 8-3　EHFMC 的结构示意图

本章的目的在于研究除湿器（EHMFC）内的传热和传质，接触器由一系列的椭圆中空纤维膜管束构成，管束由 PVDF（聚偏氟乙烯）多孔膜制成，PVDF 膜具有热和化学稳定性，这使它与带腐蚀性的液体吸湿剂接触时能保持稳定[26]。然而，由于这些膜表面不湿润，因此需要进行膜改造来提供疏水性，一种在膜表面上涂抹致密硅树脂层的方法被提出并实施了。这些改性后的膜有着仅允许水蒸气透过而阻止液体吸湿剂和其他不需要的气体透过的优点。实验膜的物理性质列于表 8-1 中，还总结了除湿器在设计的操作条件和结构参数下的传递性质。

表 8-1　膜参数、设计参数、传递参数

符号	单位	数值	符号	单位	数值
L	cm	30	Sc_a	—	0.564
W	cm	10	Sc_s	—	1390
H	cm	10	Pr_s	—	28.36
n_{fiber}	—	1130	D_{vm}	m²/s	1.2×10^{-6}
b_i	μm	336	D_{va}	m²/s	2.82×10^{-5}
a_i	μm	822	D_{ws}	m²/s	3.0×10^{-9}
b_o	μm	486	λ_s	W/(m·K)	0.5
a_o	μm	972	$T_{a,in}$	℃	35.0
b_o/a_o	—	0.5	$T_{s,in}$	℃	25.0
δ	μm	150	$\omega_{a,in}$	kg/kg	0.021
Re_a	—	100	$\omega_{s,in}$	kg/kg	0.0055
Re_s	—	3	$X_{s,in}$	kg/kg	0.65
Pr_a	—	0.715	$X_{e,in}$	kg/kg	0.762

如图 8-3 所示，整个实验设备被置于空气调节室中，因此室内空气的温度和湿度都能进行手动调节，实现不同的入口操作条件。除湿器和再生器内的处理空气均使用室内空气。本章使用氯化锂溶液作为除湿液。溶液流动循环包含四个连续过程：除湿、加热溶液、再生溶液和冷却溶液，两个回流器安装在膜接触器的入口和出口以确保空气流的均匀分布。检查除湿器的热量和水蒸气平衡，计算公式为：显热损失百分比=(入口热量−出口热量)/入口热量；水蒸气损失百分比=(入口水蒸气−出口水蒸气)/入口水蒸气。系统的显热损失和水蒸气损失分别低于 1.8% 和 0.42%，显然，显热损失大于水蒸气损失，这是因为从壳体到周围环境的热量耗散比水蒸气耗散简单且更大。

额定入口操作条件为：入口空气为 35℃ 和 0.021 kg/kg；入口溶液为 25.0℃ 和 0.65 kg/kg。在实验中，保持流体流进除湿器和流进再生器的流速相等。通过连接真空气泵的传感器对空气和溶液的流速进行调节，以获得不同的雷诺数。为了获得除湿器的基础数据，空气进出除湿器的压降、温度、湿度和体积流量分别由压差计（TSI5815，USA）、K 型热电偶、温度湿度仪（OMEGA，HH314A，USA）和质量流量计（SINCERITY，DMF-1-4，China）来测量。溶液在除湿器进出口的温度和体积流量同样被测量。溶液进出除湿器的质量分数使用硝酸银溶液滴定法测量。在获得如压力、温度、湿度和质量分数等进出口的参数后，用进出口间的对数平均温差和对数平均湿度差取代温差和湿度差，以式（8-23）～式（8-33）估算空气和溶液流的阻力系数、平均努塞特数和舍伍德数。测量结果的不确定性为：质量流量±1%；温度±0.1℃；湿度±2.0%；溶液质量分数±2.0%。阻力系数、努塞特数和舍伍德数最终的不确定性分别为 3.5%、7.5%和 7.9%。

8.1.3　自由表面模型实验验证

本章研究中采用的代码应该得到实验验证。测量所得到溶液的总平均 $(fRe)_{m,s}$、努塞特数（$Nu_{m,s}$）和舍伍德数（$Sh_{m,s}$）分别为 69.02、4.90 和 4.99，这与计算所得到的数值 69.15、4.81 和 4.88 是相符合的。实验和计算所得到空气的总阻力系数（C_D）、总平均努塞特数（$Nu_{m,a}$）和舍伍德数（$Sh_{m,a}$）如图 8-4 所示。可见，实验结果和数值计算结果的偏差在 6.3%内，意味着所建立的模型是合理的，并且可用于预测用于液体吸湿剂空气除湿的错流 EHFMC 内的传递现象。以下将进行基于上述验证的数值研究。计算参数和额定操作条件是相同的，并列于表 8-2 中。

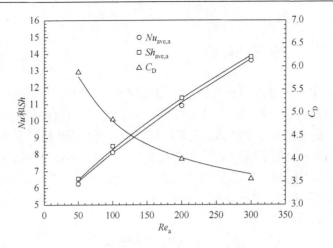

图 8-4 EHFMC 内空气流的总平均努塞特数、总平均舍伍德数和总阻力系数

$\varphi=0.2$，$b_o/a_o=0.5$，$b_i/a_i=0.41$，离散点为测量值

表 8-2 在不同半轴比（b/a）下空气流过单根椭圆纤维的总阻力系数、总平均努塞特数和总平均舍伍德数（$n_{fiber}=1130$）

b_o/a_o	b_i/a_i	φ	$Re_a=50$						$Re_a=100$					
			$Nu_{m,T}$	$Nu_{m,H}$	$Nu_{m,a}$	$Sh_{m,a}$	$Sh_{m,a}/Nu_{m,a}$	C_D	$Nu_{m,T}$	$Nu_{m,H}$	$Nu_{m,a}$	$Sh_{m,a}$	$Sh_{m,a}/Nu_{m,a}$	C_D
1.0	1.0	0.201	4.87	5.64	5.90	6.13	1.039	4.81	6.51	7.51	7.52	7.82	1.040	3.85
0.9	0.88	0.198	5.07	5.81	6.16	6.34	1.029	5.02	6.81	7.76	7.81	8.06	1.032	4.02
0.8	0.76	0.196	5.32	6.01	6.42	6.51	1.014	5.25	7.17	8.04	8.14	8.28	1.017	4.20
0.7	0.64	0.190	5.61	6.18	6.71	6.66	0.993	5.38	7.59	8.31	8.50	8.51	1.001	4.31
0.6	0.52	0.181	5.96	6.37	7.02	6.78	0.966	5.49	8.09	8.57	8.92	8.68	0.973	4.39
0.5	0.41	0.167	6.37	6.52	7.30	7.08	0.970	5.78	8.67	8.79	9.36	8.81	0.941	4.63

b_o/a_o	b_i/a_i	φ	$Re_a=200$						$Re_a=300$					
			$Nu_{m,T}$	$Nu_{m,H}$	$Nu_{m,a}$	$Sh_{m,a}$	$Sh_{m,a}/Nu_{m,a}$	C_D	$Nu_{m,T}$	$Nu_{m,H}$	$Nu_{m,a}$	$Sh_{m,a}$	$Sh_{m,a}/Nu_{m,a}$	C_D
1.0	1.0	0.201	8.93	10.28	10.01	10.37	1.036	3.29	10.06	11.62	11.08	11.48	1.036	3.21
0.9	0.88	0.198	9.32	10.61	10.45	10.71	1.025	3.43	11.27	12.84	12.62	12.93	1.025	3.35
0.8	0.76	0.196	9.83	11.03	10.88	11.06	1.017	3.59	11.91	13.41	13.12	13.43	1.024	3.50
0.7	0.64	0.190	10.43	11.46	11.38	11.44	1.005	3.68	12.65	13.98	13.69	13.95	1.019	3.59
0.6	0.52	0.181	11.13	11.90	11.96	11.83	0.989	3.76	13.51	14.57	14.36	14.51	1.010	3.66
0.5	0.41	0.167	11.95	12.30	12.63	12.19	0.965	3.95	14.52	15.14	15.17	15.03	0.991	3.86

8.1.4　努塞特数和舍伍德数分析

　　流体在椭圆纤维管内的流动和在普通椭圆管内的流动是一样的[21]，比较简单，本章不再描述这些细节。流过单根椭圆纤维管的空气速度矢量分布如图 8-5 所示，可见，速度矢量分布在膜表面附近较密集，而在远离膜表面处较稀疏。膜表面的速度为零，而且膜表面附近速度快速上升，膜外的自由表面的切向速度梯度为零,这表明自由表面处是无摩擦的。显然，在纤维管后面产生了漩涡（在 *HKFG* 之间），这是由负压和流体扰动造成的。

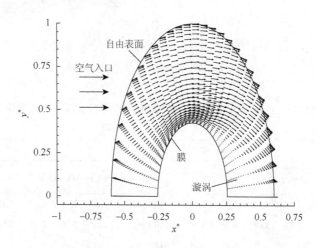

图 8-5　空气流过单根椭圆纤维的速度矢量

n_{fiber}=1130，b_o/a_o=0.6，Re_a=100

　　对于流过单根椭圆纤维管间的空气流，已知角度局部努塞特数（$Nu_{\beta, a}$）在滞流点（点 N）前为最大值，然后沿着流动逐渐减小，它明显在纤维管后面（*HKFG* 间）是最小的，在出口处 $Nu_{\beta, a}$ 上升了一些[1, 2]。在不同椭圆半轴比（b_o/a_o 和 b_i/a_i）和雷诺数（Re）下空气流过椭圆纤维管的总阻力系数（C_D）和总平均努塞特数（$Nu_{m, a}$）列于表 8-2 中。表 8-2 中还列出了努塞特数在均匀温度（$Nu_{m, T}$）和均匀热流量（$Nu_{m, H}$）下的值，这是两种极端的例子，膜表面的边界条件被设为均匀温度或均匀热流量，其他边界条件并没有变化。空气侧的 $Nu_{m, a}$ 随着雷诺数的增大而增大,然而空气侧的 C_D 随雷诺数增大而减小。通常，$Nu_{m, H}$ 要比 $Nu_{m, T}$ 大4.26%～15.81%，而且，这一差距随着椭圆半轴比（b_o/a_o 和 b_i/a_i）的减小而减小。当雷诺数等于 50 和 100 时，空气侧 $Nu_{m, a}$ 要比 $Nu_{m, H}$ 大 0.1%～4.6%，然而当雷诺数等于 100 和 200 且 b_o/a_o 大于 0.6 时，$Nu_{m, a}$ 要比 $Nu_{m, H}$ 小 0.05%～2.6%。可以说，空气

侧的 $Nu_{m,a}$ 与 $Nu_{m,H}$ 是非常接近的。

椭圆半轴比对空气流过椭圆纤维管的总平均努塞特数（$Nu_{m,a}$、$Nu_{m,T}$ 和 $Nu_{m,H}$）和总阻力系数（C_D）的影响如图 8-6 所示。当半轴比等于 1.0 时，EHFMC 相当于圆形 HFMC。从图 8-6 中可见，当 b_o/a_o 小于 1.0 时，C_D、$Nu_{m,a}$、$Nu_{m,T}$ 和 $Nu_{m,H}$ 随着 b_o/a_o 的减小而增大，然而当 b_o/a_o 大于 1.0 时，C_D、$Nu_{m,a}$、$Nu_{m,T}$ 和 $Nu_{m,H}$ 几乎与 b_o/a_o 无关。这些变化意味着当空气流过如图 8-1（b）所示的短半轴方向时，C_D、$Nu_{m,a}$、$Nu_{m,T}$ 和 $Nu_{m,H}$ 都增大。因此当 b_o/a_o 小于 1.0 时，传热被强化了 0.1%～36.91%。为了验证这一结果，简单采用了 $j_h/C_D^{1/3}$ 因子，因为它在概念上简单清晰，常被用来检测传热性能和流动阻力以评估换热器的综合能力。在不同半轴比和填充率下 $j_h/C_D^{1/3}$ 因子的值如图 8-7 所示，可见，当 b_o/a_o 小于 1.0 时，$j_h/C_D^{1/3}$ 因子随 b_o/a_o 的减小而增大，然而当 b_o/a_o 在 1.0～2.0 范围内变化时，$j_h/C_D^{1/3}$ 因子几乎不变。显然，当 b_o/a_o 小于 1.0 时，b_o/a_o 越小，传热和流体流动的综合性能越好。

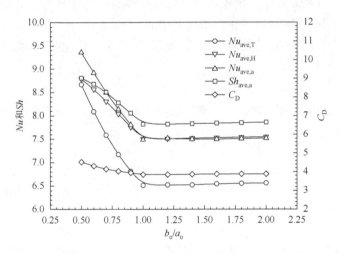

图 8-6　在不同半轴比（b_o/a_o）下空气流过单根椭圆纤维的总平均努塞特数、总平均舍伍德数和总阻力系数

$n_{fiber}=1130$，$Re_a=100$

对于在椭圆纤维管内流动的溶液流，轴向局部努塞特数和平均努塞特数的变化类似于在普通椭圆管内流动的情况[21]。轴向局部努塞特数在入口最大，它在入口附近快速减小，随后远离入口时逐渐减小，直到不再变化。这种情况下，流体流动被称为热力充分发展。轴向局部努塞特数在这一阶段后记为 Nu_C。流道长度（$L=30$ cm）是足够让溶液流热力充分发展的（$z=1.8$ cm）。自然形成边界条件下的充分发展局部努塞特数（$Nu_{C,s}$）和不同椭圆半轴比（b_o/a_o 和 b_i/a_i）下充分发展的

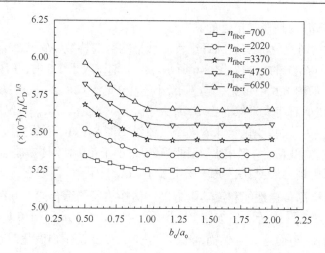

图 8-7　在不同半轴比（b_o/a_o）和填充率（φ）下空气流过单根椭圆纤维的 $j_h/C_D^{1/3}$ 因子

$(fRe)_s$ 列于表 8-3 中，表中还列出了充分发展局部努塞特数在均匀温度和均匀热流量。从表 8-3 中可见，溶液侧的 $Nu_{C,s}$ 和 $(fRe)_s$ 随着 b/a 的减小而增大。显然，当 b/a 小于 1.0 时，用于液体吸湿剂空气除湿的 EHFMC 空气侧和溶液侧的传热都能加强 0.05%～8.94%。

表 8-3　不同半轴比（b/a）下溶液流道的充分发展$(fRe)_s$、努塞特数和舍伍德数

b_i/a_i	b_o/a_o	Nu_T	Nu_H	$Nu_{C,s}$	$Sh_{C,s}$	$Sh_{C,s}/Nu_{C,s}$	$(fRe)_s$	$j_h/f^{1/3}$
1.0	1.0	3.66	4.36	4.38	4.47	1.021	64	0.120
0.88	0.9	3.67	4.38	4.41	4.52	1.025	64.20	0.122
0.76	0.8	3.72	4.43	4.46	4.58	1.027	65.12	0.125
0.64	0.7	3.76	4.48	4.49	4.61	1.027	65.79	0.128
0.52	0.6	3.84	4.56	4.62	4.71	1.019	67.16	0.131
0.41	0.5	3.95	4.67	4.75	4.84	1.019	69.11	0.134

　　对于流过单根椭圆纤维管（空气侧）的空气流，已知角度局部舍伍德数（$Sh_{\beta,a}$）的变化和角度局部努塞特数（$Nu_{\beta,a}$）的变化一样[1, 2]。在不同 b/a 下的总平均舍伍德数（$Nu_{m,a}$）列于表 8-2 中，可见，空气侧的 $Nu_{m,a}$ 随着雷诺数的增大而增大。当 b/a 从 1.0 下降到 0.5 时，$Nu_{m,a}$ 增大了 0.1%～30.92%。空气侧 $Nu_{m,a}$ 与 $Sh_{m,a}$ 的比（$Nu_{m,a}/Sh_{m,a}$）反映了传热和传质的类比，b/a 越小，$Nu_{m,a}/Sh_{m,a}$ 越小，显然，它并不是一个常数，而且它会随着 b/a 和雷诺数的变化而变化。

　　对于在椭圆管道内（溶液侧）的溶液流，浓度边界层（$z_{m,s}^* = 0.05\ \text{cm}、25\ \text{cm}$）发展得比热边界层（$z_{h,s}^* = 0.2\ \text{cm}、2\ \text{cm}$）慢得多，然而流道长度（$L=30\ \text{cm}$）已经

足够让溶液流充分发展（$z = 25$ cm）。在不同（b_o/a_o 和 b_i/a_i）的膜边界条件下充分发展的局部舍伍德数 $Sh_{C,s}$ 列于表 8-3 中，可见，溶液侧 $Sh_{C,s}$ 稍大于 $Nu_{C,s}$，$Nu_{m,a}/Sh_{m,a}$ 不是一个常数，而且，它们先增大后减小。随着 b/a 的减小，溶液侧 $Sh_{C,s}$ 增大 0.05%~8.28%。空气和溶液流的舍伍德数的变化趋势与努塞特数的变化趋势是一样的。所以，基于椭圆纤维管的错流 EHFMC 内空气和溶液流道的传质能够得到加强。

8.2　规则排列错流椭圆中空纤维膜流道

中空纤维膜管束（HFMTB）通常安装在一个塑料外壳内以形成类似管壳式换热器一样的接触器[27-32]，纤维管的内部称为管侧，外壳与纤维管间的空隙称为壳侧。水在管侧流动，而空气以错流布置的方式流过 HFMTB，发现传热阻力和传质阻力主要在空气侧（壳侧），空气侧的传热阻力和传质阻力分别约占总传热阻力的 98%和总传质阻力的 30%[31, 33]，这意味着空气侧的传热阻力和传质阻力对膜接触器的性能起到了实质性的影响。为了加强空气侧的传热和传质，将中空纤维膜的圆形横截面转换为椭圆形横截面是一个不错的选择，并且这无需额外的翅片和其他部件[9]。因此提出并制造如图 8-8 所示的中空纤维膜接触器用于空气加湿，椭圆中空纤维膜管束（EHFMTB）放置在壳体内部。对于 EHFMTB，虽然随机排列的管束成本低并且易于制造，但规则排列的管束具有更高的传热和传质系数[34]。

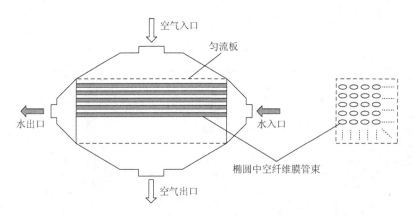

图 8-8　用于空气加湿的错流中空纤维膜管束接触器的原理图

EHFMTB 内的阻力系数和努塞特数等基础数据是非常重要的，这些数值可用于管束的设计，遗憾的是，这些数值还没有得到充分的研究。应当指出的是，EHFMTB 内的流体流动和传热已经得到数值和实验研究[35-38]，但是它们是基于单个纤维管或少数纤维的自由表面简化进行的[36-38]。EHFMTB 内流体流动和传热的局部变化特性仍未被准确地反映，阻力系数和努塞特数的准确值仍未给出。而且，这些研究假定空气流过管束为纯层流或充分发展的湍流，然而对于膜式空气加湿中空气流的雷诺数往往在 $50\sim500$[1, 2, 33]，所以可得知流过管束的不是纯层流或纯湍流，而大部分为过渡流[39]，EHFMTB 内处于过渡流态的流体流动和传热的数据仍然未知。本章的创新点在于研究了用于空气加湿的 EHFMTB 在过渡流态的流体流动和传热。

8.2.1　流动与传热数学模型

1. 动量与热量控制方程

在 EHFMTB 中，空气在壳侧流过管束。为了对称性和计算简单，选择如图 8-9 所示管束中包含 10 根纤维管的典型单元作为计算区域，图 8-9（a）和（b）分别表示四边形排列和三角形排列。空气从入口流过管束。动量传递由 RNG KE 湍流模型进行描述，该模型已经成功用于捕捉过渡流特征[40]。另外，还做出了以下假设：

（1）空气流是恒定热物理性质的牛顿流体。

（2）空气流过管束是二维的和不可压缩的。

（3）纤维膜表面的温度是恒定的。

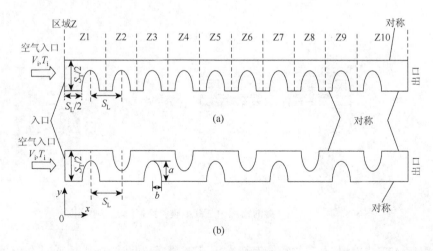

图 8-9　EHFMTB 的计算区域

（a）四边形排列；（b）三角形排列

描述流体流动和传热的控制方程是连续性、动量和能量传递方程，分别由质量守恒（连续性方程）、动量守恒（纳维-斯托克斯方程）和能量守恒（能量方程）推导而来。速度和温度是时间平均的，并且分为平均值和波动值两部分。对于流过 EHFMTB 的空气流，控制方程如下[41, 42]：

连续性方程：

$$\frac{\partial U_j}{\partial x_j} = 0 \tag{8-49}$$

其中，U 是时间平均速度（m/s）。

动量方程：

$$\frac{\partial(U_i U_j)}{\partial x_j} = -\frac{1}{\rho}\frac{\partial P}{\partial x_i} + \frac{1}{\rho}\frac{\partial}{\partial x_j}\left[\mu_{\text{eff}}\left(\frac{\partial U_i}{\partial x_j} + \frac{\partial U_j}{\partial x_i}\right)\right] \tag{8-50}$$

其中，ρ 是密度（kg/m³）；P 是时间平均压力（Pa）。

湍流动能（k）方程：

$$\frac{\partial(U_j k)}{\partial x_j} = \frac{\partial}{\partial x_j}\left(\alpha_k \mu_{\text{eff}}\frac{\partial k}{\partial x_j}\right) + \frac{\tau_{ij}}{\rho}\frac{\partial U_j}{\partial x_j} - \varepsilon \tag{8-51}$$

湍流耗散率（ε）方程：

$$\frac{\partial(U_j \varepsilon)}{\partial x_j} = \frac{\partial}{\partial x_j}\left(\alpha_\varepsilon \mu_{\text{eff}}\frac{\partial \varepsilon}{\partial x_j}\right) + C_{\varepsilon_1}\frac{\varepsilon}{k}\frac{\tau_{ij}}{\rho}\frac{\partial U_i}{\partial x_j} - C_{\varepsilon_2}\frac{\varepsilon^2}{k} - R \tag{8-52}$$

能量方程：

$$\frac{\partial(U_j c_p T)}{\partial x_j} = \frac{1}{\rho}\frac{\partial}{\partial x_j}\left[\alpha_T\left(\mu_{\text{eff}}\frac{\partial T}{\partial x_j}\right)\right] + \frac{1}{\rho}\frac{\partial}{\partial x_i}\left[\mu_{\text{eff}}\left(\frac{\partial U_i}{\partial x_j} + \frac{\partial U_j}{\partial x_i}\right)\right] \tag{8-53}$$

其中，c_p 是定压比热容 [kJ/(kg·K)]；T 是时间平均温度（K）。

式（8-51）～式（8-53）中的有效黏度 μ_{eff} 可由式（8-54）获得[41, 42]：

$$\mu_{\text{eff}} = \mu\left(1 + \sqrt{\frac{C_\mu}{\mu}}\frac{k}{\sqrt{\varepsilon}}\right)^2 \tag{8-54}$$

其中，μ 是分子动力黏度（Pa·s）。

式（8-51）和式（8-52）中的湍流剪切应力可由式（8-55）获得：

$$\tau_{ij} = -\rho \overline{u_i' u_j'} \tag{8-55}$$

其中，上标"′"表示波动值；u 是速度（m/s）。

式（8-52）中的 R 可由式（8-56）获得：

$$R = \frac{C_\mu \eta^3\left(1 - \dfrac{\eta}{\eta_0}\right)}{1 + \beta\eta^3}\frac{\varepsilon^2}{k} \tag{8-56}$$

$$\eta = \frac{Sk}{\varepsilon} \tag{8-57}$$

控制方程中的常数为[41,42]：$C_\mu = 0.085$，$C_{\varepsilon_1} = 1.42$，$C_{\varepsilon_2} = 1.68$，$\eta_0 = 4.38$，$\beta = 0.012$。

平均应变速率模量定义为：

$$S = \sqrt{2S_{ij}S_{ij}} \tag{8-58}$$

$$S_{ij} = \frac{1}{2}\left(\frac{\partial U_i}{\partial x_j} + \frac{\partial U_j}{\partial x_i}\right) \tag{8-59}$$

该 RNG KE 模型能产生对有效雷诺数引起的有效湍流传输变化进行准确描述。式（8-51）～式（8-53）中的 α_T、α_k、α_ε 分别表示 T、k、ε 的逆效应普朗特数，它们可由式（8-60）获得[41,42]：

$$\frac{\mu}{\mu_{\text{eff}}} = \left(\frac{\alpha - 1.3929}{\alpha_0 - 1.3929}\right)^{0.6321}\left(\frac{\alpha + 2.3929}{\alpha_0 + 2.3929}\right)^{0.3679} \tag{8-60}$$

其中，用于计算 α_T、α_k、α_ε 时，a_0 分别等于 $1/Pr$、1.0、1.0。

无量纲坐标定义为：

$$x^* = \frac{x}{S_L} \tag{8-61}$$

$$y^* = \frac{y}{S_T} \tag{8-62}$$

其中，S_L 和 S_T 分别是纵向管间距和横向管间距（m）。

雷诺数定义为：

$$Re = \frac{\rho U_m D_h}{\mu} \tag{8-63}$$

其中，U_m 是横截面的面积加权平均速度（m/s）。如图 8-9 所示，不论 $b \leqslant a$，还是 $b > a$，流道的当量直径（D_h）都等于 $2a$[35-38]，b 和 a 分别是 x 轴和 y 轴方向的椭圆半轴。椭圆的等效圆直径可由式（8-64）计算[43]：

$$d = \frac{L_p}{\pi} = (a+b)\left(1 + \frac{1}{4}h + \frac{1}{64}h^2 + \frac{1}{256}h^3 + \cdots\right) \tag{8-64}$$

其中，L_p 是椭圆周长（m）；式（8-64）中计算的项数越多，计算结果越精确。h 定义为[43]：

$$h = \frac{(a-b)^2}{(a+b)^2} \tag{8-65}$$

管束的每个区域的局部平均阻力系数可由式（8-66）计算：

$$f_z = \frac{\Delta P}{\rho U_{\max}^2 / 2} \tag{8-66}$$

其中，下标"z"表示如图 8-9 所示的局部区域；ΔP 是局部区域进出口的压降；U_{max} 可由式（8-67）计算：

$$U_{max} = \frac{S_T}{S_T - 2a} V_{in} \tag{8-67}$$

其中，V_{in} 是入口的来流速度（m/s）。

整个计算纤维管的总平均阻力系数可由式（8-68）获得：

$$f_m = \frac{\sum_{z=1}^{10} f_z}{10} \tag{8-68}$$

局部平均传热系数由该区域入口和出口的温差进行估算，可表示为：

$$h_z = \frac{\rho c_p V_{in} A_{in} (T_{in} - T_{out})}{A_z \Delta T_{log}} \tag{8-69}$$

其中，下标"in"和"out"分别表示该区域的入口和出口；A_{in} 和 A_z 分别是该区域入口面积和膜表面积；T_{in} 和 T_{out} 分别是该区域入口和出口的温度；ΔT_{log} 是膜表面和流体的对数平均温差，可由式（8-70）计算：

$$\Delta T_{log} = \frac{(T_{wall} - T_{in}) - (T_{wall} - T_{out})}{\ln[(T_{wall} - T_{in}) / (T_{wall} - T_{out})]} \tag{8-70}$$

其中，下标"wall"表示纤维管表面。

因此，每个区域的局部平均努塞特数可由式（8-71）计算：

$$Nu_z = \frac{h_z D_h}{\lambda} \tag{8-71}$$

其中，λ 是导热系数 [kW/(m·K)]。

整个计算纤维管的总平均努塞特数可由式（8-72）获得：

$$Nu_m = \frac{\sum_{z=1}^{10} Nu_z}{10} \tag{8-72}$$

柯尔伯恩 j 因子可从参考文献[22]中获得：

$$j = \frac{Nu_m}{Re Pr^{1/3}} \tag{8-73}$$

$$Pr = \frac{c_p \mu}{\lambda} \tag{8-74}$$

根据奇尔顿-柯尔伯恩进行类比[19]，舍伍德数和努塞特数的关系可描述为：

$$Sh = Nu Le^{-1/3} \tag{8-75}$$

$$Le = \frac{Pr}{Sc} \tag{8-76}$$

$$Sc = \frac{\mu}{\rho D_f} \tag{8-77}$$

其中，Le 是刘易斯数；D_f 是扩散系数（m^2/s）。

2. 边界条件

速度和温度的入口条件为

$$u_x = V_{in} = 常数, \quad u_y = 0, \quad T = T_{in} = 常数 \tag{8-78}$$

其中，下标"x"和"y"分别表示 x 轴和 y 轴方向；入口空气的温度（T_i）设定为 300 K，空气的普朗特数（Pr）等于 0.71。

速度和温度的上下对称边界条件为：

$$\frac{\partial u_x}{\partial y} = 0, \quad u_y = 0, \quad \frac{\partial T}{\partial y} = 0 \tag{8-79}$$

纤维管表面的速度和温度边界条件为：

$$u_x = 0, \quad u_y = 0, \quad T = T_{wall} = 常数 \tag{8-80}$$

其中，纤维管表面温度（T_w）设定为均匀温度 330 K，出口边界条件选择为压力出口，入口的湍流动能（k_i）和湍流耗散系数（ε_i）分别设定为 1.0 m^2/s^2 和 2.0 $m^2/s^{3[40]}$。

3. 数值求解方法

采用有限容积法对控制方程与相应的边界条件进行离散，并使用 SIMPLE 压力-速度耦合算法进行求解[40, 41]。控制方程中的对流项由三阶精度的 QUICK 格式进行离散。在纤维管表面，使用增强壁面处理使得求解结果更为精确。因为控制方程是非线性的，使用速度和压力的松弛预测的迭代方法，0.4 和 0.6 的松弛因子分别用于压力和速度。流动方程和能量方程的收敛性准则分别为残差小于 10^{-5} 和 10^{-8}。为了保证能量平衡，空气侧流过膜表面的总热流量被认为等于通过 EHFMTB 从空气流获得的热量。

进行网格的独立性测试，选用了三种网格：300×30，500×50，1000×80。比较前两种网格，努塞特数和阻力系数的差距分别为 1.9% 和 1.0%，而第三种网格的努塞特数和阻力系数的精确度分别仅增加了 0.2% 和 0.15%。因此选用 500×50 的网格就足够了。四边形排列和三角形排列的计算网格分别如图 8-10（a）和（b）所示。

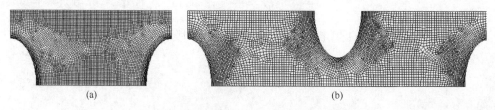

图 8-10　局部放大计算区域的网状结构

$S_L/d = S_T/d = 2.0$，$b/a = 0.5$；（a）四边形排列；（b）三角形排列

8.2.2　四边形和三角形排列错流椭圆中空纤维膜接触器加湿实验测试

基于 EHFMTB 的空气加湿实验中，管束被置于有机玻璃壳中成为接触器，如图 8-8 所示，类似于错流管壳式换热器，纤维管可设置成四边形排列或三角形排列。纤维管间的空腔和空隙形成了壳侧，纤维管内形成了管侧，纯净水在管侧流动，空气以错流的方式在壳侧流过管束。纤维膜隔开了水和空气，纤维膜选择性地只允许水蒸气透过而阻止其他气体和液体水透过。因此完全防止了空气的液滴夹带对室内环境造成影响，室内空气质量得到提升，这是因为液体水滴可能会使家具腐烂，使微生物在墙壁或家具表面生长。

为了研究 EHFMTB 间的传热和传质，设计并构造了一个连续的空气加湿系统，整个实验装置的示意图如图 8-11 所示，可见，里面为一个流动循环（即水循环），包含着泵、流量计、中空纤维膜接触器（膜加湿器）和储水槽。储水槽被放置在低温恒温器中以调节水温。对于空气流，经过了加湿器和热/冷水浴的环境空气作为入口操作空气，从膜加湿器出来的被加湿空气作为废气排到室外。

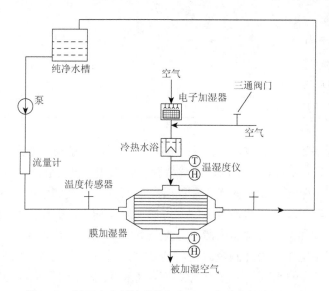

图 8-11　椭圆中空纤维膜空气加湿器实验装置的原理图

本章集中于研究膜加湿器中的传热和传质，加湿器中的 EHFMTB 由一束椭圆形横截面的中空纤维膜管制成。椭圆形纤维管由圆形中空纤维管压制而成，纤维膜的涂有致密硅树脂层的 PVDF（聚偏二氟乙烯）多孔膜。液滴夹带问题的潜在风险可以通过该膜来解决[44]。而且，膜的选择性也得以实现。所测试的膜的物理性质列于表 8-4 中，扩散系数（D_{vm}）是膜的关键参数，通过前期研究中所述的方法测定[23]，表中还列出加湿器在设计操作条件和结构参数下的传输性能。制造了两个接触器用于空气加湿的实验。模型 A：四边形排列；长 L=15.0 cm；x 轴方向椭圆半轴 b=0.52 mm；y 轴方向 a=1.04 mm；纤维管数 n_{fiber}=840；纵向间距 S_L=3.2 mm；横向间距 S_T=3.2 mm；填充率 φ=0.164；交换面积 A_{tot}=0.633 m²。模型 B：三角形排列；长 L=15.0 cm；x 轴方向椭圆半轴 b=0.52 mm；y 轴方向 a=1.04 mm；纤维管数 n_{fiber}=812；纵向间距 S_L=3.2 mm；横向间距 S_T=3.2 mm；填充率 φ=0.164；交换面积 A_{tot}=0.612 m²。

表 8-4　椭圆中空纤维膜管束（EHFMTB）的物理尺寸和传递参数

参数名称	符号	单位	数值
有效纤维管长	L	cm	15.0
管束的纤维数量	n_{fiber}	—	840
x 轴方向的椭圆半轴	b	mm	0.52
y 轴方向的椭圆半轴	a	mm	1.04
半轴比	b/a	—	0.5
椭圆的等效圆直径	d	mm	1.6
膜厚度	δ	μm	150
水蒸气在空气中的扩散系数	D_{va}	m²/s	2.82×10^{-5}
水蒸气在膜内的有效扩散系数	D_{vm}	m²/s	1.2×10^{-6}

整个装置都放在空调室，室内空气的温度和湿度都能进行调节。储存纯净水的储水槽放置在恒温浴中，水通过塑料软管被泵入接触器的管侧，然后流经管道。空气被真空气泵驱动，沿轴向在壳侧的管之间流动。空气和水的流速可以用变频器来调节，以获得不同的雷诺数。空气进出接触器的温度和湿度分别由安装在管道进出口的温度和湿度传感器来测量。空气和水的流速由质量流量计测量，管侧和壳侧的压降由电子压力计测量。使用纯净水，所以水侧的传质阻力可以忽略不计[33]。膜的内表面的水蒸气浓度为饱和水蒸气浓度。为了保证恒定的纤维膜壁温，管内水的流速被设定得比较高（＞5.0 cm/s），因此管内由蒸发导致的温降可以忽略[34]。检查膜加湿器的热量和水蒸气平衡，加湿器的热量损失约 5.0%，水蒸气损失约 0.3%。可见，由于热量损失非常大，热量传递实验难以进行，因此，进行传质实验以验证数值结果。测量结果的不确定性为：压力±0.1 Pa；温度±0.1℃；湿度±2.0%；质量分数±1.0%；体积流量±1.0%。最终所测试的阻力系数、努塞

特数和舍伍德数的不确定性分别为 3.5%、7.5%和 7.9%。

$$k_{\text{tot}} = \frac{Q_{\text{in}}(\omega_{\text{in}} - \omega_{\text{out}})}{A_{\text{tot}}\Delta\omega_{\text{log}}} \tag{8-81}$$

其中，Q_{in} 是入口空气的体积流量（m³/s）；A_{tot} 是整个管束的总纤维膜面积（m²）；ω_{in} 和 ω_{out} 分别是接触器入口和出口的空气湿度（kg/kg）。$\Delta\omega_{\text{log}}$ 是对数平均湿度差，可由式（8-82）计算：

$$\Delta\omega_{\text{log}} = \frac{(\omega_s - \omega_{\text{in}}) - (\omega_s - \omega_{\text{out}})}{\ln[(\omega_s - \omega_{\text{in}})/(\omega_s - \omega_{\text{out}})]} \tag{8-82}$$

其中，ω_s 是饱和状态的空气湿度（kg/kg）。

壳侧的舍伍德数可由式（8-83）计算：

$$Sh = \frac{k_a D_h}{D_{\text{va}}} \tag{8-83}$$

其中，D_{va} 是水蒸气在空气中的扩散系数（m²/s）；k_a 是壳侧的传质系数（m/s），可由式（8-84）计算：

$$\frac{1}{k_a} = \frac{1}{k_{\text{tot}}} - \frac{\delta}{D_{\text{vm}}} \tag{8-84}$$

其中，δ 是膜厚度（m）；D_{vm} 是水蒸气在膜内的扩散系数（m²/s）。

类似地，与式（8-75）一样，传热系数也能通过传热和传质分析从传质系数中估算。

8.2.3　数学模型实验验证

实验结果可用于验证数值方法。该实验装置是在不同流速下运行以获得不同雷诺数，数值计算和实验所获得的总平均阻力系数和总平均努塞特数的比较分别如图 8-12 和图 8-13 所示。该数值数据使用三种模型作为比较：层流模型、无量纲 k-ε（SKE）模型、k-ε（RNG KE）模型。实验获得的结果来自于类比所测量的传质系数。可见，只有 RNG KE 能在 Re 处于 100～500 的范围内很好地符合实验结果。层流模型只有在 Re 小于 300 时符合实验结果。SKE 模型获得的数据几乎比实验结果大 20%～40%。这些偏差是有实质性意义的，因为这些流体不是处于纯层流或纯湍流，而是处于过渡流。

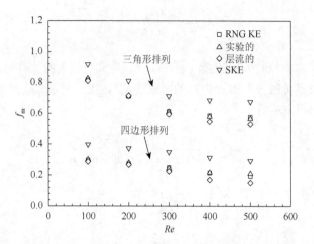

图 8-12　比较四边形排列和三角形排列的 EHFMTB 内检测和计算所得的阻力系数（f_m）

$S_T/d=S_L/d=2.0$，$b/a=0.5$，$Re=100$，$V_{in}=0.766$，$Pr=0.71$

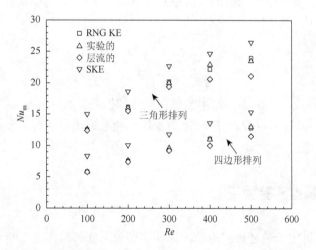

图 8-13　比较四边形排列和三角形排列的 EHFMTB 内检测和计算所得的努塞特数（Nu_m）

$S_T/d=S_L/d=2.0$，$b/a=0.5$，$Re=100$，$V_{in}=0.766$，$Pr=0.71$

　　使用了壁面强化处理的 RNG KE 模型。由于壁面强化处理，整个区域被细分为黏度影响区和完全湍流区，以使壁附近的黏性层得到更精确的求解。RNG KE 模型被认为比 SKE 模型具有更高的精确度，而且它已经被成功用于模拟各种情况下的过渡流[40]。因此选择壁面强化处理的 RNG KE 模型来计算 EHFMTB 间空气流动和传热的基础数据。

8.2.4　流场和温度场分析

为了揭示 EHFMTB 间的流体流动和传热的特性,计算出的速度等值线和压力等值线分别如图 8-14 和图 8-15 所示。其中,图 8-14(a)和(b)分别表示四边形排列和三角形排列的速度场,图 8-15(a)和(b)分别表示四边形排列和三角形排列的温度场。可见,三角形排列管束所产生的漩涡要比四边形排列更强,三角形排列管束的流体和温度比四边形排列要混合得更充分。结果表明,三角形排列具有更好的传热和传质性能。

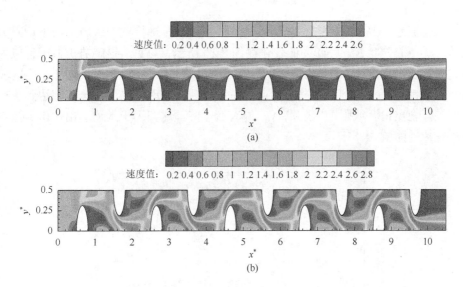

图 8-14　四边形排列和三角形排列的椭圆纤维管束的速度等值线

$S_T/d=S_L/d=2.0$,$b/a=0.5$,$Re=100$,$V_{in}=0.766$,$Pr=0.71$;(a)四边形排列;(b)三角形排列

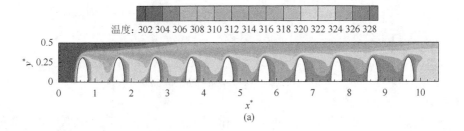

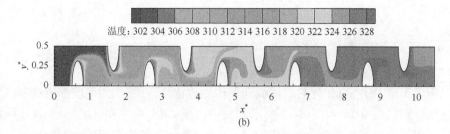

图 8-15　四边形排列和三角形排列的椭圆纤维管束的温度等值线

$S_T/d=S_L/d=2.0$，$b/a=0.5$，$Re=100$，$V_{in}=0.766$，$Pr=0.71$；（a）四边形排列；（b）三角形排列

8.2.5　阻力系数和努塞特数分析

对于流过 EHFMTB 的空气流，四边形排列和三角形排列的区域局部平均阻力系数（f_z）和努塞特数（Nu_z）的变化如图 8-16 所示，可见，该趋势类似于管束内的边界层发展规律：在入口区域附近，f_z 和 Nu_z 都很大；随流动方向在 5 个区域后，它们都逐渐减小到充分发展的值，在这之后，流动边界层和传热都达到了充分发展。在出口区域附近，f_z 和 Nu_z 都有所下降，这归因于上述的出口压力边界条件造成的影响。

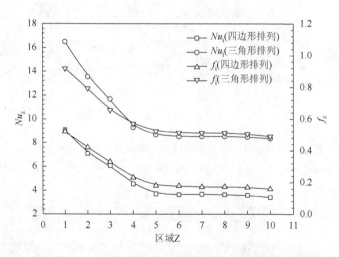

图 8-16　EHFMTB 沿 x 轴方向的局部平均阻力系数（f_z）和局部平均努塞特数（Nu_z）

$S_L/d=S_T/d=2.0$，$b/a=0.5$，$Re=100$，$Pr=0.71$

四边形排列和三角形排列的椭圆半轴比（b/a）对总平均阻力系数（f_m）和努塞特数（Nu_m）的影响如图 8-17 所示，当 b/a 小于 1.0 时，f_m 和 Nu_m 都随着 b/a 的减小而增大，然而当 b/a 大于 1.0 后，f_m 和 Nu_m 都几乎不再与 b/a 有关。这些变化

意味着当空气流过短半轴方向时，f_m 和 Nu_m 都增大。因此当 b/a 小于 1.0 时，传热是被加强的。为了验证这一结果，应用 $j/f_m^{1/3}$ 因子，因为它具有简单和清晰的特点。一般通过检查传热性能和流动阻力以评估换热器的综合能力。在不同半轴比（b/a）下，$j/f_m^{1/3}$ 因子的值如图 8-18 所示，可见，间距直径比（S_L/d）越小，$j/f_m^{1/3}$越大。三角形排列的 $j/f_m^{1/3}$ 因子大约是四边形排列的 $j/f_m^{1/3}$ 因子的 1.4～2.0 倍。显然，当 b/a 小于 1.0 时，$j/f_m^{1/3}$ 因子随着 b/a 的减小而增大，这意味着当 b/a 小于1.0 时，b/a 越小，传热和流体流动的综合性能越好。

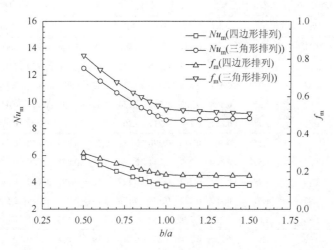

图 8-17　在不同半轴比（b/a）下 EHFMTB 的总平均阻力系数（f_m）和总平均努塞特数（Nu_m）

$S_L/d = S_T/d = 2.0$，$Re = 100$，$Pr = 0.71$

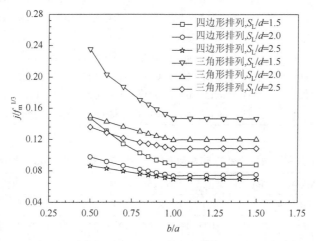

图 8-18　在不同半轴比（b/a）下 EHFMTB 的 $j/f_m^{1/3}$ 因子

$S_L = S_T$，$Re = 100$，$Pr = 0.71$

　　EHFMTB 的总平均阻力系数和总平均努塞特数分别列于表 8-5 和表 8-6 中。Re 的变化范围为 100~500，属于过渡流区间。b/a 在 0.5~0.9 的范围内，空气沿着短半轴方向流动。然而由于实际应用中压降和噪声的限制，b/a 不能过小。从表 8-5、表 8-6 中可见，Re 越大，f_m 越小，然而 Nu_m 随 Re 的增大而增大。明显地，f_m 和 Nu_m 都随着 b/a 的减小而增大。

表 8-5　四边形排列和三角形排列的 EHFMTB 的总平均阻力系数（f_m）（$S_T=S_L$，$Pr=0.71$）

$S_L/d\downarrow$	$b/a\downarrow$	$S_L/(2b)\downarrow$	$S_T/(2a)\downarrow$	四边形排列					三角形排列				
	雷诺数（Re）→			100	200	300	400	500	100	200	300	400	500
1.5	0.5	2.31	1.15	0.641	0.532	0.422	0.403	0.384	1.084	0.979	0.864	0.831	0.778
1.5	0.6	2.03	1.21	0.542	0.444	0.346	0.331	0.314	1.056	0.939	0.821	0.785	0.742
1.5	0.7	1.84	1.29	0.467	0.378	0.290	0.271	0.263	0.971	0.855	0.734	0.696	0.656
1.5	0.8	1.69	1.35	0.408	0.327	0.246	0.234	0.223	0.895	0.771	0.647	0.624	0.588
1.5	0.9	1.58	1.42	0.361	0.286	0.211	0.201	0.191	0.826	0.703	0.576	0.550	0.526
1.75	0.5	2.70	1.35	0.406	0.338	0.270	0.262	0.254	0.949	0.852	0.759	0.738	0.717
1.75	0.6	2.37	1.42	0.360	0.297	0.234	0.226	0.219	0.875	0.775	0.676	0.656	0.635
1.75	0.7	2.14	1.49	0.321	0.262	0.203	0.197	0.191	0.797	0.695	0.593	0.582	0.552
1.75	0.8	1.97	1.57	0.287	0.232	0.178	0.173	0.168	0.740	0.639	0.536	0.515	0.496
1.75	0.9	1.85	1.66	0.259	0.208	0.157	0.154	0.148	0.675	0.571	0.474	0.457	0.437
2.0	0.5	3.08	1.54	0.298	0.274	0.250	0.214	0.194	0.818	0.710	0.612	0.586	0.576
2.0	0.6	2.70	1.63	0.269	0.247	0.225	0.199	0.174	0.742	0.652	0.559	0.536	0.518
2.0	0.7	2.44	1.71	0.245	0.224	0.199	0.176	0.153	0.684	0.590	0.506	0.486	0.460
2.0	0.8	2.26	1.80	0.220	0.201	0.181	0.156	0.138	0.620	0.538	0.446	0.425	0.404
2.0	0.9	2.11	1.90	0.200	0.188	0.163	0.143	0.123	0.573	0.484	0.402	0.385	0.359
2.5	0.5	3.85	1.92	0.177	0.161	0.957	0.951	0.807	0.521	0.444	0.382	0.359	0.336
2.5	0.6	3.38	2.03	0.163	0.147	0.943	0.936	0.793	0.506	0.429	0.367	0.344	0.321
2.5	0.7	3.05	2.14	0.150	0.134	0.932	0.923	0.781	0.482	0.405	0.343	0.32	0.297
2.5	0.8	2.82	2.25	0.138	0.122	0.918	0.911	0.768	0.468	0.391	0.329	0.306	0.283
2.5	0.9	2.64	2.37	0.126	0.110	0.906	0.899	0.756	0.433	0.356	0.294	0.271	0.248

表 8-6　四边形排列和三角形排列的 EHFMTB 的总平均努塞特数（Nu_m）（$S_T=S_L$，$Pr=0.71$）

$S_L/d\downarrow$	$b/a\downarrow$	$S_L/(2b)\downarrow$	$S_T/(2a)\downarrow$	四边形排列					三角形排列				
	雷诺数（Re）→			100	200	300	400	500	100	200	300	400	500
1.5	0.5	2.31	1.15	11.33	14.41	17.48	20.29	23.10	21.57	29.91	38.24	44.14	50.49
1.5	0.6	2.03	1.21	9.53	11.87	14.22	16.51	18.81	18.44	25.44	32.41	38.08	43.71
1.5	0.7	1.84	1.29	7.91	9.77	11.84	13.76	15.67	16.55	22.43	28.12	33.19	37.95

续表

$S_L/d\downarrow$	$b/a\downarrow$	$S_L/(2b)\downarrow$	$S_T/(2a)\downarrow$	四边形排列					三角形排列				
雷诺数（Re）→				100	200	300	400	500	100	200	300	400	500
1.5	0.8	1.69	1.35	6.81	8.41	10.01	11.63	13.25	14.67	19.42	24.10	28.09	32.15
1.5	0.9	1.58	1.42	5.96	7.27	8.58	9.96	11.35	13.27	17.17	21.07	24.26	27.45
1.75	0.5	2.70	1.35	7.38	9.59	11.62	13.69	15.76	15.27	20.75	26.22	30.48	34.62
1.75	0.6	2.37	1.42	6.54	8.35	10.15	11.93	13.71	13.99	18.71	23.43	27.18	30.84
1.75	0.7	2.14	1.49	5.83	7.37	8.91	10.48	12.06	12.70	16.67	20.64	23.85	27.06
1.75	0.8	1.97	1.57	5.23	6.53	7.84	9.25	10.65	11.71	15.20	18.72	21.64	24.56
1.75	0.9	1.85	1.66	4.72	5.85	6.95	8.29	9.45	10.72	13.74	16.76	19.39	21.99
2.0	0.5	3.08	1.54	5.83	7.56	9.30	11.08	12.85	12.49	16.13	20.18	22.17	23.95
2.0	0.6	2.70	1.63	5.30	6.62	7.94	9.78	11.62	11.54	15.18	18.71	20.64	22.42
2.0	0.7	2.44	1.71	4.83	6.16	7.48	8.95	10.39	10.72	14.05	17.24	19.11	20.88
2.0	0.8	2.26	1.80	4.41	5.62	6.71	8.16	9.43	9.91	12.83	15.74	17.57	19.45
2.0	0.9	2.11	1.90	4.05	5.06	6.06	7.26	8.47	9.24	11.92	14.53	16.50	18.24
2.5	0.5	3.85	1.92	4.32	4.64	4.96	5.34	5.75	9.76	12.03	14.09	16.27	18.36
2.5	0.6	3.38	2.03	4.03	4.35	4.67	5.05	5.46	9.15	11.42	13.48	15.66	17.75
2.5	0.7	3.05	2.14	3.75	4.07	4.39	4.77	5.18	8.53	10.82	12.86	15.04	17.13
2.5	0.8	2.82	2.25	3.48	3.81	4.12	4.52	4.91	8.06	10.33	12.39	14.57	16.66
2.5	0.9	2.64	2.37	3.24	3.56	3.88	4.26	4.67	7.61	9.88	11.94	14.12	16.21

8.3　随机分布错流椭圆中空纤维膜流道

中空纤维膜管束（HFMTB）广泛应用于空气湿度调节[4, 6, 12, 33, 45]，这是因为与传统气体/液体直接接触的设备相比，基于 HFMTB 的膜接触器有许多明显的优点，包括不存在液滴夹带、传递面积大、管侧和壳侧的流速能独立控制[46]。液体在管内（管侧）流动，而处理空气在管间（壳侧）流动，它们被半透膜隔开，半透膜只允许水蒸气透过而阻止其他气体和液体透过[7, 8]。

规则排列（四边形或三角形）的椭圆中空纤维膜管束（EHFMTB）的流体流动和传热已经被 Huang 等进行了深入的研究，发现 EHFMTB 比 HFMTB 具有更好的传热传质性能[47]。然而由于制造过程的简便和随机性，EHFMTB 内的纤维管很有可能是随机分布的，而且 EHFMTB 内的纤维管数量非常多（100～2000）。因此，只要椭圆纤维管有很小的偏差也会对整个管束造成很大的不规则性[34]。纤维管的随机分布对 REHFMTB 的传递现象造成很大的影响，REHFMTB 被置于塑料外壳中形成如图 8-19 所示的错流膜接触器，液体和空气分别在管内和管间流动。

REHFMTB 的阻力系数和努塞特数的基础数据对于工程是非常重要的, 遗憾的是, 这些数据现在还是未知的。而且 REHFMTB 的流体流动不是纯层流和纯湍流, 而是过渡流[39], 这是因为实际应用中流体流动的雷诺数处于 50～550 的范围[1, 2]。尽管已经有很多文献研究了规则排列的椭圆纤维管束的传递现象[35-38], 但是还没有对 REHFMTB 的研究。因此, REHFMTB 在过渡流区域下流体流动和传热的传递特性应该被揭示, 这对用于空气湿度调节的 REHFMTB 的结构设计和性能评估是非常有用的。

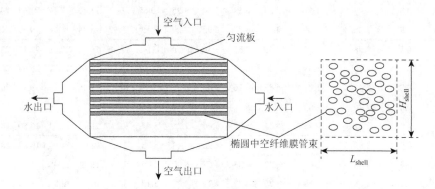

图 8-19　随机分布错流椭圆中空纤维膜接触器的结构图

8.3.1　随机分布流动与传热数学模型

1. 计算单元

REHFMTB 内每个纤维管中心的位置是随机的和相互独立的, 且符合正态分布特性[48], 因此用一个正态分布随机模型来描述纤维的随机分布。

Box-Muller 变换是用来产生一对独立的、无量纲的正态分布(零期望、单位方差)随机数的伪随机数抽样法[49, 50]。由 Box-Muller 给出的基本形式有两个取自均匀分布区间 (0, 1]的样本, 并将其映射到两个无量纲的正态分布样本。假设 U_1 和 U_2 是属于均匀分布区间 (0, 1]的两个独立随机变量。设

$$Z_1 = \sqrt{-2\ln U_1}\cos(2\pi U_2) \tag{8-85}$$

$$Z_2 = \sqrt{-2\ln U_1}\sin(2\pi U_2) \tag{8-86}$$

其中, Z_1 和 Z_2 是无量纲正态分布的独立随机变量。两组随机数可由式 (8-87) 和式 (8-88) 获得[49, 50]:

$$Z_3 = E + Z_1 S \tag{8-87}$$

$$Z_4 = E + Z_2 S \tag{8-88}$$

其中，E 和 S 分别是均值和方差，且可被手动调整[49, 50]。然后，REHFMTB 内椭圆形纤维管的几何中心的坐标可由 Z_3 和 Z_4 获得。

上述提到，如图 8-19 所示的椭圆形纤维管数量非常多，壳体（$L_{shell}=H_{shell}=10$ cm）内常常有 200～2000 根。因此整个管束的直接建模非常困难，为了解决这个问题，选择如图 8-20 所示的三个计算单元为计算区域。在比较了 20、40 和更多纤维管的计算单元的数值计算结果后，发现每个包含 20 根纤维管的计算单元就足够表征

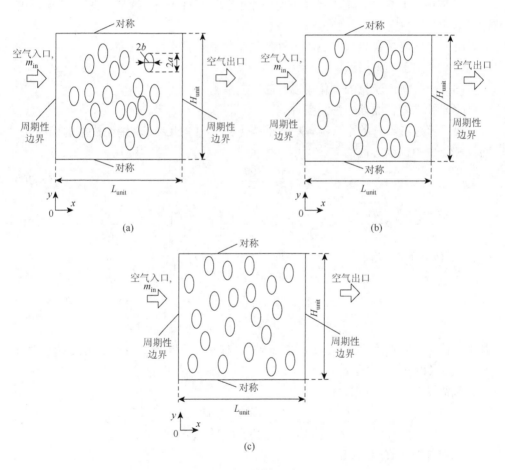

图 8-20　计算区域

（a）随机分布 1；（b）随机分布 2；（c）随机分布 3

整个纤维管束。计算单元的纵向长度（L_{unit}）和横向长度（H_{unit}）可由式（8-89）计算：

$$L_{unit} = H_{unit} = \sqrt{n_{fiber}\pi ab / \varphi} \tag{8-89}$$

其中，下标"unit"表示计算单元；a和b分别是y轴和x轴方向的椭圆半轴长（m）；φ是整个管束的填充率；n_{fiber}是纤维管数量。

用以上方法，可确定三个计算单元和它们的随机分布。随机分布1、2、3的平方偏差分别为4.85、8.94、16.49，它们的平均值（E）设定为7.20。

2. 动量和热量守恒控制方程

在REHFMTB中，处理空气在壳侧流过椭圆形纤维管。选择如图8-20所示的计算单元为计算区域，并做出以下假设：

（1）空气流是有着恒定热物理性质的牛顿流体且不可压缩的。

（2）这属于二维问题。

（3）空气质量流量的变化可以忽略。

（4）纤维管表面处于恒温条件。

对于流过纤维管的空气流，基于重整化群 k-ε（RNG KE）湍流模型的连续性、动量和能量的控制方程如下[40, 51]：

$$\frac{\partial u_x}{\partial x} + \frac{\partial u_y}{\partial y} = 0 \tag{8-90}$$

$$\rho\frac{\partial(u_x u_x)}{\partial x} + \rho\frac{\partial(u_x u_y)}{\partial y} = 2\frac{\partial}{\partial x}\left(\Gamma_x\frac{\partial u_x}{\partial x}\right) + \frac{\partial}{\partial y}\left(\Gamma_x\frac{\partial u_y}{\partial x}\right) + \frac{\partial}{\partial y}\left(\Gamma_x\frac{\partial u_x}{\partial y}\right) - \frac{\partial p}{\partial x} \tag{8-91}$$

$$\rho\frac{\partial(u_x u_y)}{\partial x} + \rho\frac{\partial(u_y u_y)}{\partial y} = \frac{\partial}{\partial x}\left(\Gamma_y\frac{\partial u_y}{\partial x}\right) + \frac{\partial}{\partial x}\left(\Gamma_y\frac{\partial u_x}{\partial y}\right) + 2\frac{\partial}{\partial y}\left(\Gamma_y\frac{\partial u_y}{\partial y}\right) - \frac{\partial p}{\partial y} \tag{8-92}$$

$$\frac{\partial(u_x T)}{\partial x} + \frac{\partial(u_y T)}{\partial y} = \frac{1}{\rho}\frac{\partial}{\partial x}\left(\Gamma_E\frac{\partial T}{\partial x}\right) + \frac{1}{\rho}\frac{\partial}{\partial y}\left(\Gamma_E\frac{\partial T}{\partial y}\right) \tag{8-93}$$

其中，下标"x"、"y"分别代表x轴、y轴方向；u是速度（m/s）；ρ是密度（kg/m³）；p是压力（Pa）；T是温度（K）。

湍流动能（k）方程为：

$$\frac{\partial(u_x k)}{\partial x} + \frac{\partial(u_y k)}{\partial y} = \frac{1}{\rho}\frac{\partial}{\partial x}\left(\Gamma_k\frac{\partial k}{\partial x}\right) + \frac{1}{\rho}\frac{\partial}{\partial y}\left(\Gamma_k\frac{\partial k}{\partial y}\right) + \frac{1}{\rho}G_k - \varepsilon \tag{8-94}$$

湍流耗散率（ε）方程为：

$$\frac{\partial(u_x \varepsilon)}{\partial x} + \frac{\partial(u_y \varepsilon)}{\partial y} = \frac{1}{\rho}\frac{\partial}{\partial x}\left(\Gamma_\varepsilon\frac{\partial \varepsilon}{\partial x}\right) + \frac{1}{\rho}\frac{\partial}{\partial y}\left(\Gamma_\varepsilon\frac{\partial \varepsilon}{\partial y}\right) + \frac{\varepsilon}{k}\left(\frac{1}{\rho}c_1 G_k - c_2\varepsilon\right) \tag{8-95}$$

在式（8-91）～式（8-95）中，对应的扩散系数为[52-55]：

$$\Gamma_x = \Gamma_y = \mu + \mu_t \tag{8-96}$$

$$\Gamma_k = \mu + \frac{\mu_t}{\sigma_k} \tag{8-97}$$

$$\Gamma_\varepsilon = \mu + \frac{\mu_t}{\sigma_\varepsilon} \tag{8-98}$$

$$\Gamma_E = \frac{\mu}{Pr} + \frac{\mu_t}{\sigma_E} \tag{8-99}$$

其中，μ 是分子动力黏度（Pa·s）；μ_t 是湍流黏度（Pa·s）；Pr 是普朗特数。

式（8-94）和式（8-95）的 G_k 定义为：

$$G_k = \mu_t \left\{ 2\left[\left(\frac{\partial u_x}{\partial x} \right)^2 + \left(\frac{\partial u_y}{\partial y} \right)^2 \right] + \left(\frac{\partial u_x}{\partial x} + \frac{\partial u_y}{\partial y} \right)^2 \right\} \tag{8-100}$$

式（8-96）～式（8-100）的湍流黏度为[41, 42]：

$$\mu_t = \frac{c_\mu \rho k^2}{\varepsilon} \tag{8-101}$$

式（8-95）的可变系数 c_1 为[56]：

$$c_1 = 1.42 - \frac{\eta(1 - \eta/\eta_0)}{1 + \beta\eta^3} \tag{8-102}$$

其中，β（=0.015）和 η_0（=4.38）是固定的。

式（8-102）的精确数 η 为[57]：

$$\eta = \frac{Sk}{\varepsilon} \tag{8-103}$$

式（8-103）中平均应变模量为：

$$S = \sqrt{2S_{ij}S_{ij}} \tag{8-104}$$

$$S_{ij} = \frac{1}{2}\left(\frac{\partial u_i}{x_j} + \frac{\partial u_j}{x_i} \right) \tag{8-105}$$

式（8-99）的系数 σ_E 可由式（8-106）计算[41, 42]：

$$\frac{\mu}{\mu + \mu_t} = \left(\frac{\sigma_E - 1.3929}{1/Pr - 1.3929} \right)^{0.6321} \left(\frac{\sigma_E - 2.3929}{1/Pr - 2.3929} \right)^{0.3679} \tag{8-106}$$

基于 RNG KE 模型，上述公式中的常数为[51, 56]：

$$c_\mu = 0.085, \quad c_2 = 1.68, \quad \sigma_k = 0.7179, \quad \sigma_\varepsilon = 0.7179$$

无量纲坐标定义为：

$$x^* = \frac{x}{L_{unit}} \tag{8-107}$$

$$y^* = \frac{y}{H_{unit}} \tag{8-108}$$

其中，上标"*"表示无量纲形式。

雷诺数定义为：

$$Re = \frac{m_{in} D_h}{\mu A_{in}} \tag{8-109}$$

其中，下标"in"表示管束入口；m 是质量流量（kg/s）；A_{in} 是入口横截面的面积（m²）；d_h 是流道的当量直径（$=2a$）（m）。

流过管束的平均阻力系数可由式（8-110）计算：

$$f_m = \frac{-\Delta p}{\rho u_m^2 / 2} \tag{8-110}$$

其中，下标"m"表示总平均值；Δp 是管束进出口的压降（Pa）；u_m 是平均速度（m/s）。

流过管束的平均努塞特数可由式（8-111）计算：

$$Nu_m = \frac{h_m d_h}{\lambda} \tag{8-111}$$

其中，λ 是导热系数 [W/(m·K)]；h_m 是平均传热吸收 [kW/(m²·K)]，为

$$h_m = \frac{c_p m_{in}(T_{in} - T_{out})}{A_m \Delta T_{log}} \tag{8-112}$$

其中，A_m 是膜的表面积（m²）；下标"out"表示管束出口；c_p 是定压比热容[kJ/(kg·K)]；T_{in} 和 T_{out} 分别是入口和出口温度（K）；A_m 是膜表面积（m²）；ΔT_{log} 是表面和流体的对数平均温差，可由式（8-113）获得：

$$\Delta T_{lg} = \frac{(T_{wall} - T_{in}) - (T_{wall} - T_{out})}{\ln[(T_{wall} - T_{in})/(T_{wall} - T_{out})]} \tag{8-113}$$

其中，下标"wall"表示纤维管表面。

柯尔伯恩 j 因子可由式（8-114）计算[22]：

$$j = \frac{Nu_m}{Re Pr^{1/3}} \tag{8-114}$$

$$Pr = \frac{c_p \mu}{\lambda} \tag{8-115}$$

根据奇尔顿-柯尔伯恩进行传热和传质的类比[19, 58-60]，舍伍德数和努塞特数的关系可描述为：

$$Sh = Nu Le^{-1/3} \tag{8-116}$$

$$Le = \frac{Pr}{Sc} \tag{8-117}$$

$$Sc = \frac{\mu}{\rho D_f} \tag{8-118}$$

其中，D_f 表示扩散系数（m^2/s）。

3. 边界条件

如图 8-20 所示，无滑移边界条件被用于流体流动且恒壁面温度边界条件被用于热量传递。因此纤维管表面边界条件的速度和温度为：

$$u_x = 0, \quad u_y = 0, \quad T = T_{wall} = 常数 \tag{8-119}$$

其中，纤维管表面温度（T_{wall}）设定为 340 K 的均匀温度。

在翼展方向，对称边界条件的速度和温度为：

$$\frac{\partial u_x}{\partial y} = 0, \quad u_y = 0, \quad \frac{\partial T}{\partial y} = 0 \tag{8-120}$$

在流动方向，周期性边界条件可描述为：

$$u_x(0,y) = u_x(L_{unit}, y), \quad u_y(0,y) = u_y(L_{unit}, y), \quad \Delta T(0,y) = \Delta T(L_{unit}, y), \quad m_{in} = 常数 \tag{8-121}$$

$$\Delta T = \frac{T(x,y) - T_{wall}}{T_b(x) - T_{wall}} \tag{8-122}$$

其中，入口温度（T_{in}）设置为 300 K；空气的普朗特数（Pr）为 0.71；T_b 是质量平均温度（K），可由式（8-123）求得：

$$T_b = \frac{\iint uT dA}{\iint u dA} \tag{8-123}$$

其中，A 为流道垂直于流动方向的面积（m^2）。

4. 数值计算方法

采用 SIMPLEC 算法的有限容积法对动量传递的控制方程进行求解。差分方案使用混合上游格式离散，它有介于一阶和二阶的精确度。能量方程用 QUICK 格式进行离散化，该方案对扩散项和对流项分别为二阶和三阶的精确度。采用适体坐标转换法将复杂的物理空间转换为规则的计算区域。求解收敛的标准为流动方程和能量方程的无量纲化残差分别小于 10^{-6} 和 10^{-8}。进行网格独立测试，使用三种方法产生网格面：0.0641 mm、0.0453 mm 和 0.0320 mm 的网格节点间距大小。前两种网格的阻力系数和努塞特数的差距分别为 1.26% 和 2.05%，而后两种网格的这一差距分别为 1.02% 和 1.74%。在本节中，计算是在 0.0453 网格节点间距大小生成的网格中进行。而且，为了使计算结果更准确，在纤维膜表面使用壁面强化处理。

8.3.2 流场和温度场分析

　　为了揭示在不同 REHFMTB 间流体流动和传热的特性,速度等值线和温度等值线分别如图 8-21 和图 8-22 所示。可见,椭圆纤维管分布中,随机分布 1 是最集中的,随机分布 2 是较分散的,随机分布 3 是最分散的。而且,随机分布 3 是最符合实际应用的纤维管分布。显然,不同的分布会导致不同的等值线,由图 8-21 可见,入口速度等于出口速度,且都符合周期速度边界条件。在纤维管后生成了一系列的不均匀和不对称的漩涡,然而随机分布 3 的速度分布的漩涡比随机分布 1 和随机分布 2 的更多。如图 8-22 所示,由于周期温度边界条件,入口和出口的无量纲温度是相同的,由于纤维管表面的加热,温度值沿 x 轴方向上升。

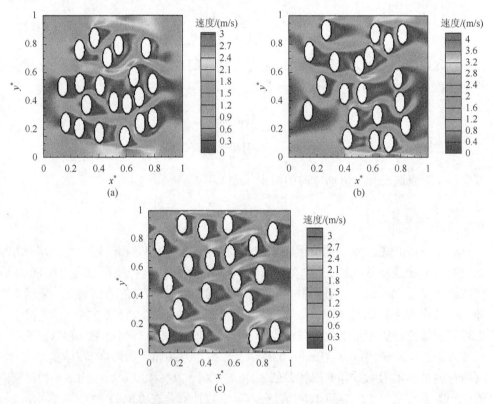

图 8-21　不同随机分布下 REHFMTB 的速度等值线

(a) 随机分布 1;(b) 随机分布 2;(c) 随机分布 3

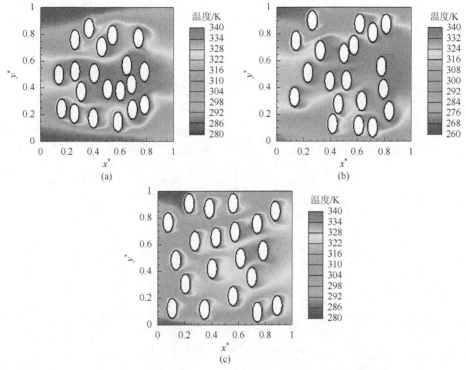

图 8-22　不同随机分布下 REHFMTB 的温度等值线

（a）随机分布 1；（b）随机分布 2；（c）随机分布 3

8.3.3　阻力系数和努塞特数分析

为了揭示 EHFMTB 规则分布和随机分布的流体流动和传热的差异，对它们进行比较。对于流过管束的空气流，在不同 Re 下沿着流动方向的 f_m 和 Nu_m 分别如图 8-23 和图 8-24 所示。可见，Re 越大，f_m 越小，相反地，Nu_m 随 Re 的增大而增大。从图 8-23 中可以观察到，EHFMTB 为规则分布的 f_m 要比随机分布的低 30.5%～89.8%，这表明随机分布的空气流遇到了更高的阻力。而且，随机分布 1 有着三种随机分布中最低的 f_m，这是因为随机分布 1 的纤维管过于集中，使顶部和底部有更多的空间，导致流体通过捷径流动，更多的空间还使进出口的压降减小了。与随机分布 1 相比，随机分布 2 的纤维管分布更为分散，显然随机分布 2 的 f_m 要比随机分布 1 的大，而且，很明显随机分布 3 的 f_m 是最大的。从图 8-24 中可见，规则分布（线性和交错）的 EHFMTB 的 Nu_m 比随机分布的大 5.5%～61.1%，这可能是 REHFMTB 中流动分布不均匀导致的，而且其中随机分布 3 的 Nu_m 最大，随机分布 2 其次，随机分布 1 最小。换句话说，REHFMTB 的传热是大幅度恶化的，而且纤维管分布越集中，传热的恶化越严重。

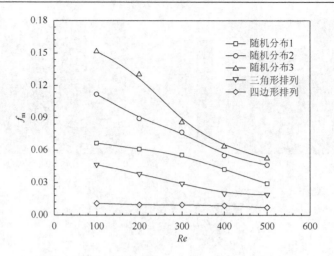

图 8-23　比较不同分布的 EHFMTB 的计算平均阻力系数

φ=0.164，b/a=0.5

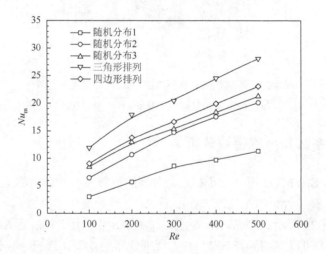

图 8-24　比较不同分布的 EHFMTB 的计算平均努塞特数

φ=0.164，b/a=0.5

　　随机分布和规则分布在不同填充率下 f_m 和 Nu_m 的值如图 8-25 所示，可见，随着填充率的上升，f_m 和 Nu_m 的值都增大。随机分布 f_m 的变化要比规则分布的大，这说明与规则的相比，不规则和椭圆形纤维管使空气流动阻力更大。除了 f_m 的增大，Nu_m 也随填充率的上升而增大。当填充率上升时，有效传热面积增大了。另外，纤维管和空气流动都可能变得更均匀，而且空气的流动由于纤维管细而被扰乱得更严重，因此管束间的传热得到加强。

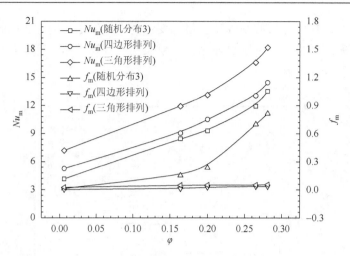

图 8-25　不同填充率下 EHFMTB 的平均阻力系数和平均努塞特数

b/a=0.5，Re=100

随机分布 3 的 REHFMTB 在不同椭圆半轴比（b/a）下，f_m 和 Nu_m 的变化如图 8-26 所示，可见，b/a 越大，f_m 和 Nu_m 越小。这些变化意味着随 b/a 的减小，传热得到了加强。为了验证这一结果，一个强力证据是使用了如图 8-27 所示的 $j/f_m^{1/3}$ 因子，可见随机分布和规则分布的 $j/f_m^{1/3}$ 因子都随着 b/a 的减小而增大。这表明 b/a 越小，传热和流体流动的综合性能越好。而且，规则分布的 $j/f_m^{1/3}$ 因子要比随机分布的大。而且，随着填充率的增大，规则分布的 $j/f_m^{1/3}$ 因子增大，随机分布的 $j/f_m^{1/3}$ 因子减小。这是因为规则分布的空气流动阻力要比随机分布的小，且随

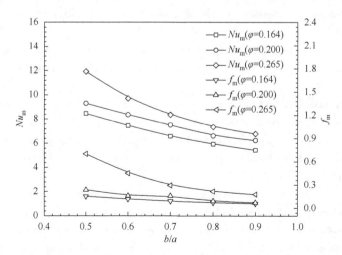

图 8-26　不同半轴比（b/a）下随机分布 3 的 REHFMTB 的平均阻力系数和努塞特数

Re=100

填充率的增大，规则分布的空气流动阻力变化更小，但是规则分布的管束里传热会随着填充率的增大而得到明显强化。结果表明，规则分布的管束有着更好的传热和流体流动综合性能。

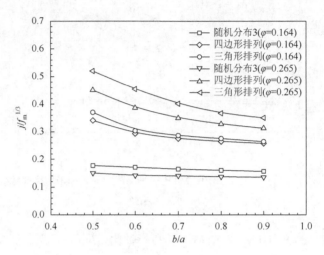

图 8-27　不同半轴比（b/a）下 EHFMTB 的 $j/f_m^{1/3}$ 因子
$Re=100$

参 考 文 献

[1]　Huang S M，Zhang L Z，Tang K，et al. Turbulent heat and mass transfer across a hollow fiber membrane tube bank in liquid desiccant air dehumidification. Journal of Heat Transfer-Transactions of the ASME，2012，134：082001-1-10.

[2]　Zhang L Z，Huang S M，Pei L X. Conjugate heat and mass transfer in a cross-flow hollow fiber membrane contactor for liquid desiccant air dehumidification. International Journal of Heat and Mass Transfer，2012，55：8061-8072.

[3]　Huang S M，Zhang L Z，Pei L X. Transport phenomena in a cross-flow hollow fiber membrane bundle used for liquid desiccant air dehumidification. Indoor and Built Environment，2013，22：559-574.

[4]　Zhang L Z，Huang S M，Chi J H，et al. Conjugate heat and mass transfer in a hollow fiber membrane module for liquid desiccant air dehumidification：A free surface model approach. International Journal of Heat and Mass Transfer，2012，55：3789-3799.

[5]　Bergero S，Chiari A. Experimental and theoretical analysis of air humidification/dehumidification processes using hydrophobic capillary modules. Applied Thermal Engineering，2001，21：1119-1135.

[6]　Kneifel K，Nowak S，Albrecht W，et al. Hollow fiber membrane module for air humidity control. Journal of Membrane Science，2006，276：241-251.

[7]　Vali A，Simonson C J，Besant R W，et al. Numerical model and effectiveness correlations for a run-around heat recovery system with combined counter and cross flow exchangers. International Journal of Heat and Mass

Transfer，2009，52：5827-5840.

[8]　Mahmud K，Mahmood G I，Simonson C J，et al. Performance testing of a counter-cross-flow run-around membrane energy exchanger（RAMEE）system for HVAC applications. Energy and Buildings，2010，42：1139-1147.

[9]　Khan M G，Fartaj A，Ting D S K. An experimental characterization of cross-flow cooling of air via an in-line elliptical tube array. International Journal of Heat and Fluid Flow，2004，25：636-648.

[10]　Mandhani V K，Chhabra R P，Eswaran V. Forced convection heat transfer in tube banks in cross-flow. Chemical Engineering Science，2002，57：379-391.

[11]　Shibu S，Chhabra R P，Eswaran V. Power law fluid flow over a bundle of cylinders at intermediate Reynolds numbers. Chemical Engineering Science，2001，56：5545-5554.

[12]　Zhang L Z. An analytical solution to heat and mass transfer in hollow fiber membrane contactors for liquid desiccant air dehumidification. Journal of Heat Transfer-Transactions of the ASME，2011，133：092001-1-8.

[13]　Zhang L Z. Heat and mass transfer in a cross-flow membrane-based enthalpy exchanger under naturally formed boundary conditions. International Journal of Heat and Mass Transfer，2007，50：151-162.

[14]　Niu J L，Zhang L Z. Heat transfer and fraction coefficients in corrugated ducts confined by sinusoidal and arc curves. International Journal of Heat and Mass Transfer，2002，45：571-578.

[15]　Zhang L Z，Jiang Y，Zhang Y P. Membrane-based humidity pump：Performance and limitations. Journal of Membrane Science，2000，171：207-216.

[16]　Zhang L Z. Thermally developing forced convection and heat transfer in rectangular plate-fin passages under uniform plate temperature. Numerical Heat Transfer Part A—Applications，2007，52：549-564.

[17]　Huang S M，Yang M，Zhong W F，et al. Conjugate transport phenomena in a counter flow hollow fiber membrane tube bank：Effects of the fiber-to-fiber interactions. Journal of Membrane Science，2013，442：8-17.

[18]　Patil K R，Tripathi A D，Pathak G，et al. Thermodynamic properties of aqueous electrolyte solutions. 1. Vapor pressure of aqueous solutions of LiCl，LiBr，and LiI. Journal of Chemical and Engineering Data，1990，35：166-168.

[19]　Zhang L Z，Xiao F. Simultaneous heat and moisture transfer through a composite supported liquid membrane. International Journal of Heat and Mass Transfer，2008，51：2179-2189.

[20]　Zhang L Z，Liang C H，Pei L X. Heat and moisture transfer in application-scale parallel-plates enthalpy exchangers with novel membrane materials. Journal of Membrane Science，2008，325：672-682.

[21]　Kays W M，Crawford M E. Convective Heat and Mass Transfer. New York：McGraw-Hill，1993.

[22]　Lei Y G，He Y L，Tian L T，et al. Hydrodynamics and heat transfer characteristics of a novel heat exchanger with delta-winglet vortex generators. Chemical Engineering Science，2010，65：1551-1562.

[23]　Zhang X R，Zhang L Z，Liu H M，et al. One-step fabrication and analysis of an asymmetric cellulose acetate membrane for heat and moisture recovery. Journal of Membrane Science，2011，366：158-165.

[24]　Zhang H L，Tao W Q，Wu Q J. Numerical simulation of natural convection in circular enclosures with inner polygonal cylinders，with confirmation by experimental results. International Journal of Thermal Sciences，1992，1：249-258.

[25]　Pollard A，Siu A L W. The calculation of some laminar flows using various discretisation schemes. Computer Methods in Applied Mechanics and Engineering，1982，35：293-313.

[26]　Mansourizadeh A，Ismail A F. Hollow fiber gas-liquid membrane contactors for acid gas capture：A review. Journal of Hazardous Materials，2009，171：38-53.

[27]　Cave P, Merida W. Water flux in membrane fuel cell humidifiers: Flow rate and channel location effects. Journal of Power Sources, 2008, 175: 408-418.

[28]　Kadylak D, Cave P, Merida W. Effectiveness correlations for heat and mass transfer in membrane humidifiers. International Journal of Heat and Mass Transfer, 2009, 52: 1504-1509.

[29]　Kadylaka D, Merida W. Experimental verification of a membrane humidifier model based on the effectiveness method. Journal of Power Sources, 2010, 195: 3166-3175.

[30]　Li J L, Ito A. Dehumidification and humidification of air by surface-soaked liquid membrane contactor with triethylene glycol. Journal of Membrane Science, 2008, 325: 1007-1012.

[31]　Zhang L Z. Coupled heat and mass transfer in an application-scale cross-flow hollow fiber membrane module for air humidification. International Journal of Heat and Mass Transfer, 2012, 55: 5861-5869.

[32]　Zhang L Z, Li Z X, Zhong T S, et al. Flow maldistribution and performance deteriorations in a cross flow hollow fiber membrane module for air humidification. Journal of Membrane Science, 2013, 427: 1-9.

[33]　Zhang L Z, Huang S M. Coupled heat and mass transfer in a counter flow hollow fiber membrane module for air humidification. International Journal of Heat and Mass Transfer, 2011, 54: 1055-1063.

[34]　Zhang L Z. Heat and mass transfer in a randomly packed hollow fiber membrane module: A fractal model approach. International Journal of Heat and Mass Transfer, 2011, 54: 2921-2931.

[35]　Sivakumar P, Bharti R P, Chhabra R P. Steady flow of power-law fluids across an unconfined elliptical cylinder. Chemical Engineering Science, 2007, 62: 1682-1702.

[36]　Rocha L A O, Saboya F E M, Vargas J V C. A comparative study of elliptical and circular sections in one and two-row tubes and plate fin heat exchangers. International Journal of Heat and Fluid Flow, 1997, 18: 247-252.

[37]　Matos R S, Vargas J V C, Laursen T A, et al. Optimally staggered finned circular and elliptic tubes in forced convection. International Journal of Heat and Mass Transfer, 2004, 47: 1347-1359.

[38]　Matos R S, Vargas J V C, Laursen T A, et al. Optimization study and heat transfer comparison of staggered circular and elliptic tubes in forced convection. International Journal of Heat and Mass Transfer, 2001, 20: 3953-3961.

[39]　Kreith F, Bohn M S. Principles of Heat Transfer. 4th Edition. New York: Harper and Row Publishers Inc, 1986.

[40]　Nakamura Y, Sakyas A E. Capture of Transition by RNG Based Algebraic Turbulence Model. Comput and Fluids, 1995, 24: 909-918.

[41]　Li L J, Lin C X, Ebadian M A. Turbulent mixed convective heat transfer in the entrance region of a curved pipe with uniform wall temperature. International Journal of Heat and Mass Transfer, 1998, 41: 3793-3805.

[42]　Mompean G. Numerical simulation of a turbulent flow near a right-angled corner using the speziale nonlinear Model with RNG k-ε Equations. Comput and Fluids, 1998, 27: 847-859.

[43]　Silverman J H. The Arithmetic of Elliptic Curves. 2nd Edition. German: Springer, 2009.

[44]　Li B, Sirkar K K. Novel membrane and device for vacuum membrane distillation-based desalination process. Journal of Membrane Science, 2005, 257: 60-75.

[45]　Johnson D W, Yavuzturk C, Pruis J. Analysis of heat and mass transfer phenomena in hollow fiber membranes used for evaporative cooling. Journal of Membrane Science, 2003, 227: 159-171.

[46]　Gabelman A, Hwang S T. Hollow fiber membrane contactors. Journal of Membrane Science, 1999, 159: 61-106.

[47]　Huang S M, Yang M, Yang Y, et al. Fluid flow and heat transfer across an elliptical hollow fiber membrane tube bank for air humidification. International Journal of Thermal Science, 2013, 73: 28-37.

[48]　Sheppard W. On the application of the theory of error to cases of normal distribution and normal correlation.

Philosophical Transactions of the Royal Society of London，1899，192：101-531.

[49]　Box G E P，Muller M E. A note on the generation of random normal deviates. Annals of Mathematical Statistics，1958，29：610-611.

[50]　Luby M. Pseudorandomness and Cryptographic Applications. Princeton：Princeton University Press，1996.

[51]　Yakhot V，Orszag S A. Renormalization group analysis of turbulence. I. Basic theory. Journal Science Computation，1986，1：3-51.

[52]　Jones W P，Launder B E. The prediction of laminarization with a two-equation model of turbulence. International Journal of Heat and Mass Transfer，1972，15：301-314.

[53]　Jones W P，Launder B E. The calculation of low-Reynolds-number phenomena with a two-equation model of turbulence. International Journal of Heat and Mass Transfer，1973，16：1119-1130.

[54]　Benjanirat S，Sankar L N，Xu G. Evaluation of turbulence models for the prediction of wind turbine aerodynamics. AIAA Paper，2003，1：2003-0517.

[55]　Smolentsev S，Abdou M，Morley N，et al. Application of the "K-ε" model to open channel flows in a magnetic field. International Journal Engineering Science，2002，40：693-711.

[56]　Speziale C G，Thangam S. Analysis of an RNG based turbulence model for separated flows. International Journal Engineering Science，1990，30：1379.

[57]　Yakhot V，Orszag S A，Thangam S，et al. Development of turbulence models for shear flows by a double expansion technique. Physical Fluids A，1992，4：1510-1520.

[58]　Kays W M，Crawford M E. Convective Heat and Mass Transfer. third ed. New York：McGraw-Hill，1990.

[59]　Incropera F P，Dewitt D P，Lavine A S. Fundamentals of Heat and Mass Transfer. seventh ed. New York：John Wiley and Sons，2007.

[60]　Guttman I，Wilks S S，Stuart H J. Introductory Engineering Statistics. New York：John Wiley and Sons，1965.

第 9 章　膜式热泵、空气加湿和液体除湿系统集成

9.1　热泵驱动的膜式液体除湿装置[1]

9.1.1　膜式除湿蓄能装置介绍

空气湿度对人体的健康有着重要的影响，因此需要采取有效的措施来保证空气的湿度符合要求。研究表明，人体适合的相对湿度为 40%～60%，过高的湿度环境会增加人体的不舒适感，还会导致建筑物内部某些病毒和细菌的大量繁殖。特别是在我国南方地区，气候炎热潮湿，经常给人类带来闷热潮湿的感觉。为了营造适宜的室内相对湿度环境，保护人体的健康，因此有必要对空气进行除湿。

传统的空气除湿方法包括冷却法除湿、固体吸附剂除湿和液体吸湿剂除湿。冷却法除湿是将湿空气冷却到露点温度以下，使空气中的水蒸气冷凝后从空气中脱除。冷却法除湿不能达到很低的露点，它需要消耗大量的能量来冷却空气，使水蒸气冷凝并带走汽化产生的潜热。固体吸附剂除湿是利用某些固体吸附剂吸湿的方法来进行除湿。某些固体吸附剂如硅胶、氧化铝、氯化钙等对水蒸气有强烈的吸附作用，当湿空气流过这些吸湿剂堆积而成的流化床时，空气中的水蒸气就被脱除，达到除湿的目的。固体吸附除湿的最大缺点是这些固体吸附剂再生困难，而且吸湿除湿装置一般都很复杂，设备的体积比较庞大，造价也高，这些原因使它们的应用受到了一定的限制。液体吸湿剂除湿是利用某些具有吸湿性的溶液来吸收空气中的水蒸气而达到除湿目的。液体除湿再生容易，缺点是处理空气与液体吸湿剂直接接触，易引起空气夹带吸湿剂，进一步引起管道和设备的腐蚀。

为了克服现有技术中存在的液滴夹带的缺点和不足，设计出一种热泵驱动的膜式液体除湿与蓄能装置，如图 9-1 所示，该装置包括除湿回路和热泵回路。该装置能同时实现对处理空气温度和湿度的调节，视经过热泵后的溶液温度，可实现如制冷，除湿，加热、除湿，等温除湿等。该装置有如下特点。

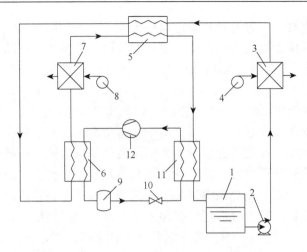

图 9-1　膜式液体除湿与蓄能装置方案 1 示意图

1. 除湿液储液槽；2. 液泵；3. 吸收器；4. 第一风机；5. 第一换热器；6. 冷凝器；7. 再生器；8. 第二风机；9. 制冷剂储液槽；10. 膨胀阀；11. 蒸发器；12. 压缩机

（1）能更好地实现对空气的除湿：在现有的液体除湿系统中，由于溶液与空气直接接触，在空气流速较大时，空气往往会夹带一定量的液滴，这些液滴会导致设备和家具的腐蚀，影响室内空气品质。本装置克服了这种缺点，空气和除湿溶液被膜隔开，能有效地防止液滴进入气流。

（2）能量利用率高：该装置利用压缩式热泵冷凝器作为再生热源直接加热除湿溶液，而热泵蒸发器作为冷源直接冷却除湿溶液。同时，该装置可以实现除湿溶液热和再生空气余热的回收。除湿溶液储液槽采用全热回收，降低冷凝温度，降低了压缩机能耗，提高了效率。储液槽可以作为蓄能器使用，再生后的溶液储存在蓄能器中，供以后空气除湿使用。因此，该除湿与蓄能装置能量利用率高。

（3）空气温湿度同时被调节。本装置在膜接触器中，空气被除湿的同时，视其中的溶液温度不同，可实现空气温度的制冷、加热，或等温处理。即处理空气能在除湿的同时实现制冷、加热或等温变换。

9.1.2　膜式除湿蓄能装置的运行原理

如图 9-1 所示的膜式液体除湿装置，对空气除湿时，室外新风由第一风机送入除湿器内。除湿液由液泵送进除湿器内。空气和除湿液之间由膜隔开。膜具有选择透过性，只允许水蒸气透过，而阻止其他气体和除湿液透过。除湿液平衡水蒸气分压小，具有吸湿性。在水蒸气压差的传质推动力下，除湿器空气侧水蒸气透过膜进入溶液侧，被除湿液吸收。从除湿器排出的低温低湿的新风直接送入室内以供利用。除湿液在除湿器中吸收了空气中的水蒸气，变成稀除湿液。为了保证该除湿系统连续除湿，需要对稀除湿液再生。对除湿液再生，需要先加热。从除湿器出来的除湿液进入第一换热器预加热，再进入热泵冷凝器，加热至可再生温度，然后进入再生器。室外新风作为再生空气。室外新风由第二风机送入再生器内。除湿液在高温下（50～80℃），溶液平衡水蒸气分压比空气中水蒸气分压大。在水蒸气压差推动下，再生器中除湿液表面水蒸气透过膜进入空气侧，被空气吸收，除湿液由稀溶液变回了浓溶液。从再生器出来的除湿液经过第一换热器预冷却，然后进入热泵蒸发器冷却至需要的温度，实现了除湿液的再生。最后，从热泵蒸发器出来的除湿液进入除湿液储液槽。除湿液储液槽作为蓄能器，把除湿溶液储存起来，供以后除湿使用。此时，该除湿系统完成了一个空气除湿和溶液再生的过程，如此循环反复，可以实现连续除湿。除湿器中视除湿溶液温度的不同，可同时实现对处理空气的冷却或加热或等温处理。

所使用的除湿液为三甘醇、二甘醇、LiCl 溶液、LiBr 溶液、CaCl$_2$ 溶液中的一种或两种以上的混合液，溶液平衡水蒸气压比空气中水蒸气分压小，这些溶液作为吸湿剂具有强烈的吸水性。

装置中的除湿器、再生器可使用第 4～7 章中提到的错流平板膜接触器、准逆流平板膜接触器、逆流椭圆中空纤维膜接触器或错流椭圆中空纤维膜接触器。

9.2　用于医院病房的高效紧凑型空气除湿净化装置[2, 3]

9.2.1　空气除湿净化装置介绍

近年来，随着膜材料的发展，基于膜除湿器的液体除湿技术得到较快的发展。在这种除湿器内，使用了选择透过膜将空气和除湿液隔开，膜能防止除湿液的液滴进入处理空气中，因此防止了传统填料式液体除湿器中遇到的腐蚀性除湿液的液滴夹带导致的严重危害，从而提高了空气的品质，保证了空气不受除湿液的污染，但是目前常规的膜除湿器大多难以对除湿液进行冷却，除湿液随着吸收水蒸气而温度升高，除湿效率降低。

目前，业内已经提出了很多结合空气除湿和空气净化功能的设备，并且市场上也出现了许多类似的产品，但是大部分产品中除湿方式都是冷却除湿或者直接接触液体除湿，冷却除湿存在功耗大、噪声大、除湿后空气温度低等缺点，而直接接触液体除湿中空气有可能受除湿液的污染而造成不良的影响，还可能需要定期更换除湿液。

为了避免现有技术中的不足，设计出一种内部冷却的膜除湿器，避免了溶液温度升高导致的除湿性能减弱，以及使用该膜除湿器的一种高效紧凑型空气除湿净化装置，如图 9-2 所示。该装置的内部冷却膜除湿器的溶液流道内增加了冷却管，水在冷却管内与溶液流道内的溶液呈逆向流动，对溶液进行冷却，使溶液在整个除湿器内都能保持较低温度对空气进行高效除湿。该装置的空气除湿净化装置同时具有空气除湿、净化和加湿的功能，具有高效紧凑的优点，能为医院病房提供很好的空气质量保障。

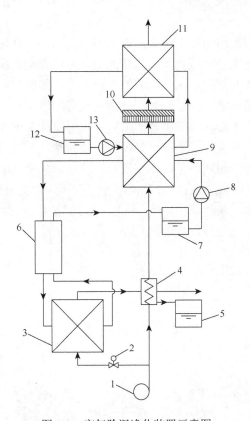

图 9-2　空气除湿净化装置示意图

1. 风机；2. 电磁阀；3. 再生器；4. 换热器；5. 集水槽；6. 半导体制冷制热器；7. 储液槽；8. 液泵；9. 除湿器；
10. 净化器；11. 加湿器；12. 储水槽；13. 水泵

9.2.2　空气除湿净化装置的运行原理

该空气除湿净化装置主要包括溶液循环、水循环及空气循环。对于溶液循环，储液槽中的浓溶液被液泵送到膜除湿器中对空气进行除湿而变为稀溶液，然后被送到半导体制冷制热器的放热端被加热后在再生器中进行再生变为浓溶液，再流经半导体制冷制热器的吸热端被冷却后回到储液槽中。对于水循环，储水槽中的水被水泵送到膜除湿器的冷却管中对溶液进行冷却，水温升高，然后流经膜加湿器对空气进行加湿，再流回储水槽中。对于空气循环，空气在风机的出风口后流进两条支路，一条支路的空气依次流经换热器、膜除湿器、净化器和膜加湿器进行加热、除湿、净化和加湿，最后流出湿度适宜的洁净空气，另一支路的空气流进再生器中再生溶液，变为湿热空气后在换热器中被冷却后排出，其中湿热空气中的水蒸气冷凝后流到集水槽中，其中集水槽可拆除，里面的水可定期倒掉或添加到储水槽中。

　　装置中的除湿器使用如图 9-3 和图 9-4 所示的内部冷却除湿器，除湿器呈长方体状，即平板膜为矩形，该长方体的侧面沿逆时针方向依次为第一侧面、第二侧面、第三侧面和第四侧面，空气流道的入口开设于第四侧面，空气流动的出口开设于第二侧面，第一侧面和第三侧面分别安装有进液头和出液头，溶液流道的入口开设于进液头的顶端，溶液流道的出口开设于出液头的顶端，冷却管横穿进液头、溶液流道和出液头，且平行于平板膜，冷却水从入口流进，从出口流出，冷却水流动方向与溶液相逆，空气在空气入口流进，从空气出口流出，溶液和空气在膜除湿器内以错流的方式流动。除湿器中平板膜采用的是聚偏氟乙烯多孔膜，并采用表面涂覆一薄层液体硅胶、聚二甲基硅氧烷等对其改性，增加膜的疏水性。改性后的膜具有选择透过性，从而只允许水蒸气通过膜进行传递，而其他的气体和液体不能透过膜。

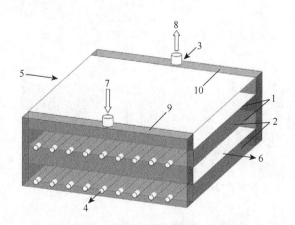

图 9-3　内部冷却的除湿器结构图

1. 平板膜；2. 密封条；3. 冷却水入口；4. 冷却水出口；5. 空气入口；6. 空气出口；7. 溶液入口；8. 溶液出口；9. 进液头；10. 出液头

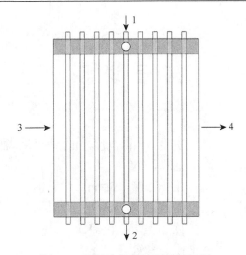

图 9-4　内部冷却的除湿器俯视图

1. 风机；2. 电磁阀；3. 再生器；4. 换热器

　　装置中的再生器和加湿器可使用第 4～7 章中提到的错流平板膜接触器、准逆流平板膜接触器、逆流椭圆中空纤维膜接触器或错流椭圆中空纤维膜接触器。

　　装置中的净化器为双层过滤层，底层为 13 级医用 HEPA 过滤网，顶层为活性炭滤层。结合 HEPA 的过滤作用和活性炭的吸附作用，能有效去除空气中的悬浮颗粒物、甲醛等有害气体及细菌。

参 考 文 献

[1]　张立志，黄斯珉，裴丽霞. 一种热泵驱动的膜式液体除湿与蓄能装置：201010291776.5. 2011-02-16[2017-02-10].

[2]　黄斯珉，黄伟豪，杨敏林. 一种内部冷却的膜除湿器及应用该膜除湿器的空气除湿净化装置：201610809996.X.2017-02-08[2017-02-10].

[3]　黄斯珉. 高传质效率的膜接触器和高效除湿系统：201510547268.1.2015-11-25[2017-02-10].

符 号 说 明

a, b	宽度，m；高度，m；椭圆半轴长，m
A	面积，m^2
A_v	填充密度，m^2/m^3
A_c	横截面积，m^2
c	比热容，kJ/(kg·K)
C	阻力系数
d	间距，m；直径，m
D_f	扩散系数，m^2/s
D_h	当量直径，m
E	正态分布的均值
f	阻力系数
F_{1-2}	辐射角系数
Gz	格雷茨数
h	对流换热系数，W/(m^2·K)
H	换热量，kJ/kg；高度，m
k	湍流动能；传质系数
L	长度，m
Le	刘易斯数
m	质量流量
M_v	水蒸气分子摩尔质量，kg/mol
n_{fiber}	纤维管数量
Nu	努塞特数
NTU	传热单元数
p	压力，Pa
P_{wet}	湿周长，m
Pe	佩克莱数
Pr	普朗特数
q	传热量，kJ/kg
Q_{in}	入口流量，m^3/s

r	半径，m
Re	雷诺数
S	正态分布的方差
S_L	纵向管间距
S_T	横向管间距
Sc	施密特数
Sh	舍伍德数
T	温度，K
u, v, w	速度，m/s
U	无量纲速度系数
V_{in}	入口流速，m/s
W	宽度，m
x, y, z	笛卡儿坐标；坐标方向长度，m
X	溶液质量分数，kg 水/kg 溶液
Z	正态分布的随机变量

希腊字母

β	角度
ρ	密度，kg/m^3
μ	动力黏度，Pa·s
v	运动黏度，m/s^2
φ	填充率
τ	剪切力
α, β, γ	物理平面变换系数
ψ	变量
δ	膜厚度，m
Γ	广义扩散系数
λ	导热系数，W/(m·K)
ω	空气湿度，kg 水蒸气/kg 干空气
ε	效率；孔隙率；湍流耗散率
τ	弯曲度；剪切应力
ε_{rad}	辐射渗透率
σ_{SB}	斯特藩-玻尔兹曼常数，W/(m^2·K^4)
Ψ	分配系数

上标

*	无量纲
'	溶液侧

下标

a	空气，湿空气
abs	吸收热的
atm	大气压
b	质量平均
C	共轭边界条件下的计算值
cal	计算值
cool	冷却的
e	平衡值
eff	有效的
evap	蒸发热的
exp	实验值
fe	处理空气
free	自由表面
G	几何位置
gap	气隙
h	加湿；加热；热量
H	均匀流量边界条件下的计算值
HP	热泵
i	内的
in	入口
K	克努森
Kor	克努森和普通的
L	局部的
Lat	潜热的
le	左边的
log	对数平均值
mix	混合热的
m	平均值；质量；膜；膜表面
o	外的
or	普通的

out	出口
p	孔，定压的
porous	PVDF 多孔层
r	径向
ri	右边的
s	溶液
sen	显热的
shell	壳侧
skin	PVAL 表层
solid	固体材料
surface	膜表面
sw	扫气
t	湍流的
T	均匀温度边界条件下的计算值
tot	总的
unit	计算单元
v	水蒸气
w	水，降膜水
wall	壁面平均
β	切向